工业和信息化
精品系列教材

C 语言
程序设计及应用

黄勤陆 李安强 胡永泉 / 主编

邱绪桃 费玲玲 任建军 徐建民 / 副主编

C Programming and
Application

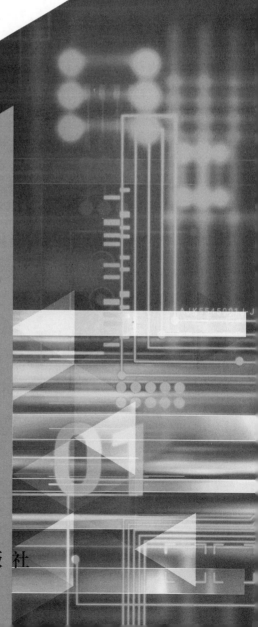

人民邮电出版社

北 京

图书在版编目（CIP）数据

C语言程序设计及应用 / 黄勤陆，李安强，胡永泉主编. -- 北京：人民邮电出版社，2025. --（工业和信息化精品系列教材）. -- ISBN 978-7-115-65403-8

Ⅰ. TP312.8

中国国家版本馆 CIP 数据核字第 2024EA6355 号

内 容 提 要

本书主要介绍 C 语言程序设计的相关知识和应用。本书共 14 个单元，主要包括初识 C 语言、变量与表达式、字符型数据、顺序结构程序设计、选择结构程序设计、循环结构程序设计、数组、函数、编译预处理、指针、结构体和共用体、位运算、文件管理与操作、综合项目开发——俄罗斯方块等内容。本书重点突出，内容由浅入深；注重应用性和实际操作性；案例丰富，且每个单元附有课后习题。

本书可以作为高职高专院校计算机相关专业的教材，也可供程序设计人员参考。

◆ 主　　编　黄勤陆　李安强　胡永泉
　　副主编　邱绪桃　费玲玲　任建军　徐建民
　　责任编辑　王照玉
　　责任印制　王　郁　焦志炜

◆ 人民邮电出版社出版发行　　北京市丰台区成寿寺路 11 号
　　邮编 100164　电子邮件 315@ptpress.com.cn
　　网址 https://www.ptpress.com.cn
　　大厂回族自治县聚鑫印刷有限责任公司印刷

◆ 开本：787×1092　1/16
　　印张：14.75　　　　　　　　　　2025 年 1 月第 1 版
　　字数：422 千字　　　　　　　　2025 年 1 月河北第 1 次印刷

定价：59.80 元

读者服务热线：(010)81055256　印装质量热线：(010)81055316
反盗版热线：(010)81055315

前　言

本书充分贯彻落实《中华人民共和国职业教育法》《国家职业教育改革实施方案》等法规和文件精神，根据高职高专院校软件技术、计算机应用技术、大数据技术等专业就业岗位需求和学生特点进行课程和教学内容设计，充分考虑了专业与产业对接、课程内容与职业标准对接、教学过程与生产过程对接，通过"做中学、学中做"的设计方式培养学生的学习能力、工程实践能力和职业能力，旨在帮助学生实现毕业与就业的"零过渡"。

全书确定了一个整体学习目标：使用 C 语言编写经典的俄罗斯方块游戏，从工程项目出发，让学生以现场工程师的视角学习和理解软件开发流程。基于游戏系统需求，在单元 2～单元 13 中分解了 C 语言语法知识，每个单元任务帮助学生夯实知识点，边学边练，最终完成单元 14 的综合项目（俄罗斯方块）设计。本书涵盖了 C 语言的主要内容，需要掌握的基本知识有变量、数据类型、运算符、控制结构、数组、函数、编译预处理、指针、结构体和共用体、位运算、文件管理与操作等。

需要掌握的知识技能如下。

（1）编写程序：按照 C 语言的语法规则进行编写，且编写的程序具有可读性和可维护性。

（2）调试程序：调试程序是指在程序出现错误时，通过查找和修复错误使程序正常运行。在调试过程中，可以使用调试器帮助查找错误。

（3）理解算法：算法是指解决问题的方法或步骤，要能够理解算法要求并根据具体问题选择合适的算法来解决问题。

（4）理解数据结构：数据结构是指存储数据的方式或组织形式，要能够根据具体问题选择合适的数据结构来存储和处理数据。

（5）学习库函数：库函数是指由 C 语言标准库提供的函数，在编程时可以直接调用。调用库函数可以提高编程效率和程序的可读性。

需要掌握的实践技能如下。

（1）熟练使用开发工具：在使用 C 语言进行程序设计的过程中，会用到各种开发工具，如编辑器、编译器、调试器等。熟练使用这些工具可以提高编程效率和代码质量。

（2）能够阅读和理解他人代码：在实际开发中，往往需要阅读和理解他人编写的代码。能够熟练阅读和理解他人编写的代码可以提高团队合作效率。

（3）解决实际问题：学习 C 语言程序设计不仅要学习语法规则和算法，更重要的是能够解决实际问题。在实践中需要根据实际问题选择合适的算法和数据结构，并能够独立完成项目开发。

本书主要特点如下。

（1）内容新：根据当前技术发展的趋势，采用 Visual Studio Code 作为 C 语言程序运行的调试环境。

（2）可读性强：书中各单元由浅显易懂的任务案例引入，符合当前学生的阅读需求。

（3）难点分解：C 语言涉及的概念复杂、规则较多，不少初学者会感到有一定的困难。编者根据长期的教学经验，把 C 语言中繁杂的内容分为多个任务进行讲解，有效地降低了难度。

（4）结构完整：本书包括任务目标、相关知识、任务实现、课后习题等模块，可帮助教师完成学生相关课程能力的培养目标。

由于编者水平有限，书中难免存在一些不足之处，殷切希望广大读者批评指正。

编　者

2024 年 11 月

目　录

单元 11

结构体和共用体 ············ 155

单元 12

位运算 ················· 172

单元 13

文件管理与操作 ············ 183

单元1
初识C语言

01

知识目标

1. 初步了解C语言开发平台的环境。
2. 掌握Visual Studio Code在国产桌面操作系统中的安装方法与插件的安装方法。
3. 掌握简单C语言程序运行、设置断点和单步调试的方法。
4. 掌握C语言的组成、主函数的概念。
5. 了解C语言的结构特点、书写格式、添加注释等内容。

能力目标

1. 能够启动编辑工具，创建和打开C语言文件。
2. 能够完成简单代码的编写与编译。
3. 能够加载C语言文件，完成代码的修改、调试和运行。
4. 能够找到并运行可执行文件。

素质目标

1. 培养自学意识。
2. 培养民族自豪感和社会责任感。

单元任务组成

本单元主要学习在Windows和国产桌面操作系统中搭建基础开发环境、开发与调试第一个应用程序和输出唐诗等内容，任务组成情况如图1-1所示。

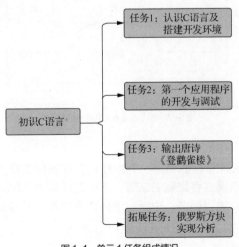

图1-1 单元1任务组成情况

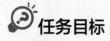

任务 1 认识 C 语言及搭建开发环境

任务目标

下载并安装 Visual Studio Code 安装包，安装开发所需插件、编译器和调试环境。

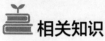

相关知识

知识点 1：认识 C 语言

美国贝尔实验室在 1970 年对 BCPL 进行了修改和扩充，将修改和扩充后的语言命名为 B 语言，并使用 B 语言编写了第一个 UNIX 操作系统。1973 年，美国贝尔实验室对 B 语言又进行了改进，改进后的语言被命名为 C 语言，美国贝尔实验室又使用 C 语言成功重新编写了 UNIX 内核。使用 C 语言编写的 UNIX 内核版本非常稳定，并具有良好的可移植性，展现了 C 语言与 UNIX 的完美结合及 C 语言在编写系统软件时得天独厚的优势。

C 语言是使用最广泛的编程语言之一，被大量用在系统软件与应用软件的开发中。C 语言的主要特点有语法简洁、具有结构化的控制语句、数据类型丰富、运算符丰富、可对物理地址进行直接操作、代码具有较好的可移植性、代码执行效率高等。

知识点 2：C 语言开发相关概念

1. 编译与编译器

C 语言的编译过程就是把我们可以理解的源代码转换为计算机可以理解的机器代码（二进制代码）的过程，相当于一个翻译的过程；编译器就是实现将 C 语言源代码编译成机器代码的工具。源代码编译为机器代码的示例如图 1-2 所示。

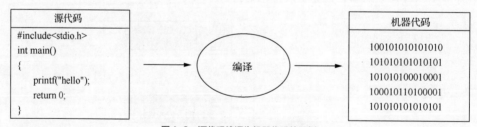

图1-2　源代码编译为机器代码的示例

2. 调试与调试环境

编写代码时经常会犯各种各样的错误，导致程序存在各种各样的问题。跟踪程序的运行过程，从而发现程序的逻辑错误或者隐藏的缺陷，这个过程称为调试。为了方便调试，开发工具提供变量跟踪、设置光标、单步调试、中断、进入函数内部执行等功能，这些功能共同构成了调试环境。

3. 链接

链接（link）是指将多个源代码文件以及相应的库函数合并成一个可执行文件的过程。

知识点 3：C 语言开发工具

C 语言开发工具是为编写 C 语言软件而设计的应用程序。它包含编辑器、编译器、调试器和其他内核工具，旨在帮助软件开发人员更加简便、快速地生成符合规定的程序，从而提高开发效率。现在流行的 C 语言开发工具如下。

1. Microsoft Visual C++

Microsoft Visual C++（简称 Visual C++、MSVC、VS 或 VC）是微软公司的 C++开发工具，具有集成开发环境，可使用 C、C++等编程语言。

2. Dev-C++

Dev-C++是一种适用于 Windows 操作系统的轻量级 C/C++集成开发工具，非常适合初学者使用。该开发工具具备多页面窗口、工程编辑器和调试器等功能，在工程编辑器中集成了编辑器、编译器、链接程序和执行程序等工具，提供高亮显示语法的功能，以减少编辑错误。此外，它还提供了完善的调试功能，可满足初学者和专业编程人员的不同需求。

3. Visual Studio Code

Visual Studio Code 是一款跨平台编辑器，可以在用户熟悉的操作系统中使用，不限于 Windows 操作系统。该软件是免费的，占用内存较少，启动和打开速度相对较快。它支持 JavaScript、TypeScript、Node.js、C++、C#、Python、PHP 等多种语言。虽然该软件在稳定性方面还有改进空间，但其开源、方便且支持多平台，因而深受用户喜爱。

由于 Visual Studio Code 支持 Windows、Linux 操作系统，其在不同操作系统中的核心功能和用户界面大致相同，考虑平台的兼容性，本书以 Visual Studio Code 为开发环境进行搭建、开发与调试。

知识点 4：其他相关工具

其他相关工具介绍如下。

1. MinGW

MinGW 是 Minimalist GNU for Windows 的缩写，是一个开源的基于 GNU 的编译器套件，可用于编译 Windows 操作系统中的 C/C++程序。它是一种独立的技术，并不依赖于 Microsoft Windows SDK（软件开发工具包），也不受 Visual C++的影响，支持多种编译器。它使得 Windows 操作系统中的 C/C++程序可以一步运行，让 C/C++程序编译工作更加简单，对新手更加友好，且它具有轻量级、易安装、低资源消耗、免费且可移植性好等优点。

2. 插件

插件（Plug-in，又称 addin、add-in、addon、add-on）是一种遵循一定规范的应用程序接口（Application Program Interface，API）编写出来的程序。插件只能运行在程序规定的系统平台下（可能同时支持多个平台），不能脱离指定的平台单独运行。例如，在 Visual Studio Code 中，安装 C 语言的相关插件后，可以实现对 C 语言程序的编译和调试。

3. GCC

GCC 即 GNU C 语言编译器（GNU C Compiler），是 Linux 环境下对 C 语言进行编译的工具，最初只能处理 C 语言，但很快扩展到可以处理 C++，后来又扩展到能够支持更多的编程语言。

4. GDB

GDB 是 Linux 环境下进行程序调试的工具，能设置断点，支持多种语言，如 C 语言、C++、GO 语言。

5. Makefile

Makefile 描述了 Linux C 整个工程的编译、链接等规则，包括工程中哪些源文件需要编译及如何编译、需要创建哪些库文件及如何创建这些库文件、如何生成想要的可执行文件等。

知识点 5：银河麒麟桌面操作系统

银河麒麟桌面操作系统是国产自主可控的桌面操作系统，支持国产自主可控的主流芯片，包括龙芯、飞腾、鲲鹏、申威、海光等，广泛运用于金融、教育、通信和能源等行业。系统全面覆盖个人、企业及其他安全要求更高的使用场景，可为数字化经济时代的业务转型提供核心竞争力。

任务实现

针对 C 语言开发环境的搭建，本书提供了在 Windows 10 操作系统和银河麒麟桌面操作系统两种操作系统中的 Visual Studio Code 的安装方法，可以选择其中一种操作系统来执行安装任务。

1. 在 Windows 10 操作系统中搭建 C 语言开发环境

步骤 1 安装 Visual Studio Code

打开 Visual Studio Code 官方网站，其界面如图 1-3 所示。

图 1-3 Visual Studio Code 官方网站界面

在 Visual Studio Code 官方网站界面中单击"Download for Windows"按钮，浏览器开始下载安装包，下载完成后，在系统中可以看到 Visual Studio Code 的安装包，如图 1-4 所示。

图 1-4 Visual Studio Code 的安装包

双击下载的安装包，进入 Visual Studio Code 安装许可协议界面，如图 1-5 所示。

选中"我同意此协议"单选项，单击"下一步"按钮，进入 Visual Studio Code 安装选择目标位置界面，如图 1-6 所示。

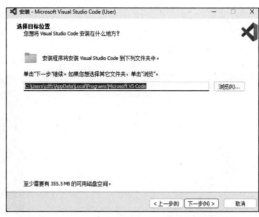

图 1-5　Visual Studio Code 安装许可协议界面　　　　图 1-6　Visual Studio Code 安装选择目标位置界面

确定安装目录后单击"下一步"按钮，进入 Visual Studio Code 安装选择开始菜单文件夹界面，如图 1-7 所示。

继续单击"下一步"按钮，进入 Visual Studio Code 安装选择附加任务界面，如图 1-8 所示。

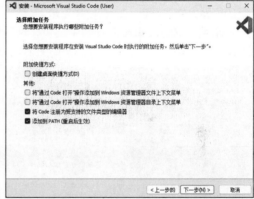

图 1-7　Visual Studio Code 安装选择开始菜单文件夹界面　　　图 1-8　Visual Studio Code 安装选择附加任务界面

可以勾选"创建桌面快捷方式"复选框，在桌面上添加快捷方式，以便访问。单击"下一步"按钮，进入 Visual Studio Code 准备安装界面，如图 1-9 所示。

如果需要修改配置，则可以单击"上一步"按钮进行修改。单击"安装"按钮，进入 Visual Studio Code 正在安装界面，如图 1-10 所示。

图 1-9　Visual Studio Code 准备安装界面　　　　图 1-10　Visual Studio Code 正在安装界面

安装成功后，系统提示安装完成，Visual Studio Code 安装完成界面如图 1-11 所示。

单击"完成"按钮，系统打开 Visual Studio Code，进入 Visual Studio Code 风格设置界面，如图 1-12 所示，选择所需风格。

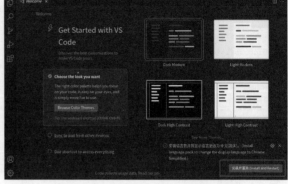

图 1-11　Visual Studio Code 安装完成界面　　　　图 1-12　Visual Studio Code 风格设置界面

这时还可以设置编辑器语言，在窗体的右下角安装中文语言包，单击"安装并重启"按钮，重启后的界面为中文界面，如图 1-13 所示。

如果用户这时没有设置安装中文包，则后期可以通过编辑器的扩展功能，在搜索框中输入"Chinese"，安装中文语言包，其界面如图 1-14 所示。

图 1-13　Visual Studio Code 中文界面　　　　图 1-14　Visual Studio Code 中文语言包安装界面

步骤 2　安装 Visual Studio Code 插件

C 语言开发过程中经常用到 C/C++插件。C/C++插件有格式化代码、自动补全函数等功能。在 Visual Studio Code 的扩展功能搜索框中输入"c/c++"，可以安装与 C/C++相关的插件。Visual Studio Code C/C++插件查询界面如图 1-15 所示。

图 1-15　Visual Studio Code C/C++插件查询界面

针对 C 语言开发，需要安装 C/C++、C/C++ Themes、C/C++ Compile Run、C/C++ Runner 等插件，可以实现 C 语言的代码编写格式化、代码自动补全、代码编译、代码运行与调试等功能。单击相应插件项右下方的"安装"按钮即可进行安装，安装完成后"安装"按钮会消失。Visual Studio Code C/C++主要插件如图 1-16 所示。

图 1-16　Visual Studio Code C/C++主要插件

安装 C/C++ Runner 插件后，错误提示信息如图 1-17 所示。

图 1-17　错误提示信息

出错原因是这个插件需要 CodeLLDB 插件来支撑，单击错误提示信息中的地址进行下载，插件安装包如图 1-18 所示。

单击 Visual Studio Code 左侧的"扩展"按钮，在界面上方单击"…"按钮，在弹出的菜单中选择"从 VSIX 安装"选项，如图 1-19 所示。

图 1-18　插件安装包

图 1-19　选择"从 VSIX 安装"选项

选择刚才下载的 codelldb-x86_64-windows.vsix 文件进行安装，安装完成后重启 Visual Studio Code 编辑器，完成插件的安装。CodeLLDB 安装成功信息如图 1-20 所示。

安装好 Visual Studio Code 开发工具之后，进入的编辑器界面默认是黑色的，如果要更改背景颜色，则可以在设置中进行修改。

图 1-20　CodeLLDB 安装成功信息

步骤3　搭建 C 语言编译基础环境

在 Windows 10 操作系统中借助 MinGW 工具搭建 C 语言编译基础环境。可以在开源网站 SOURCEFORGE 上搜索 MinGW，下载 MinGW 安装包，如图 1-21 所示。

图1-21　下载 MinGW 安装包

MinGW 安装包如图 1-22 所示。

双击安装包，进入 MinGW 安装软件许可界面，如图 1-23 所示。

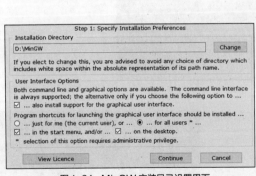

图1-22　MinGW 安装包

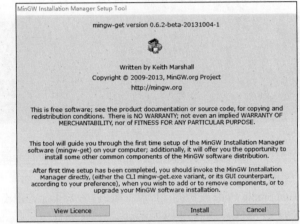

图1-23　MinGW 安装软件许可界面

单击"Install"按钮，进入 MinGW 安装目录设置界面，如图 1-24 所示。

指定安装目录后，单击"Continue"按钮，进入 MinGW 安装管理下载界面，如图 1-25 所示。

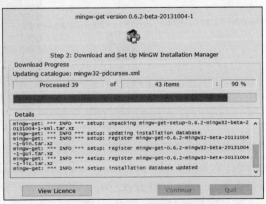

图1-24　MinGW 安装目录设置界面　　　　　图1-25　MinGW 安装管理下载界面

下载完成后，单击"Continue"按钮，进入 MinGW 软件包设置界面，如图 1-26 所示。

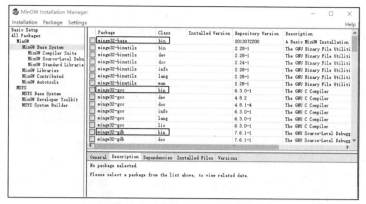

图 1-26　MinGW 软件包设置界面

在设置界面中找到 mingw32-base.bin、mingw32-gcc.bin 和 mingw32-gdb.bin 并安装，mingw32-base.bin 是 MinGW 工具基础包，mingw32-gcc.bin 是 C 语言文件的编译器安装包，mingw32-gdb.bin 是程序调试器安装包，安装这些软件包后基本可以满足 C 语言的编译与调试要求。具体操作是选择需要安装的软件包并单击，在弹出的菜单中选择"Mark for Installation"选项，如图 1-27 所示。

图 1-27　选择"Mark for Installation"选项

在菜单栏中选择"Installation"→"Apply Changes"选项进行安装，MinGW 安装主菜单界面如图 1-28 所示。

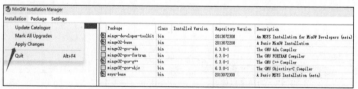

图 1-28　MinGW 安装主菜单界面

系统弹出提示信息，MinGW 安装应用界面如图 1-29 所示。

单击"Apply"按钮，系统将下载具体的安装包，MinGW 软件包下载界面如图 1-30 所示。

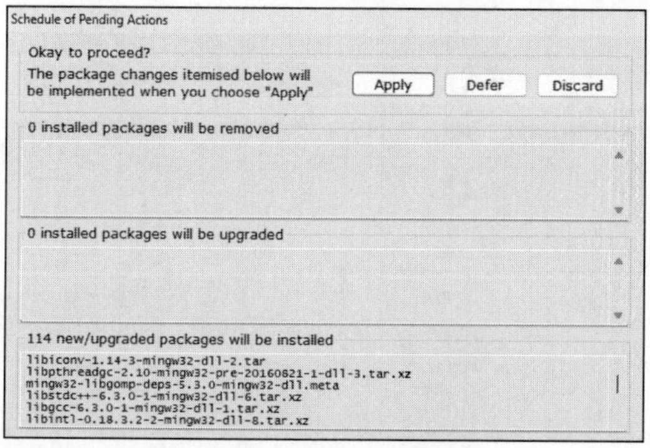

图 1-29　MinGW 安装应用界面

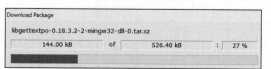

图 1-30　MinGW 软件包下载界面

安装成功后系统会弹出提示，MinGW 软件包安装成功界面如图 1-31 所示。

MingGW 工具安装完成后，需要设置环境变量使系统能够自动找到 gcc 命令。具体操作是在 Windows 桌面上选择"此电脑"图标，单击鼠标右键，弹出快捷菜单，选择"属性"选项，如图 1-32 所示。

图 1-31　MinGW 软件包安装成功界面

图 1-32　选择"属性"选项

进入系统信息界面，如图 1-33 所示。

在该界面中单击"高级系统设置"链接，打开"系统属性"对话框"高级"选项卡，如图 1-34 所示。

图 1-33　系统信息界面

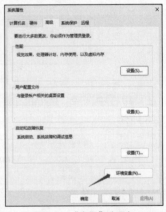

图 1-34　"高级"选项卡

单击"环境变量"按钮，进入环境变量设置界面，在系统变量中找到 Path，单击"编辑"按钮，进入编辑环境变量界面，如图 1-35 所示，单击"新建"按钮。

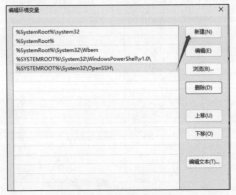

图 1-35　编辑环境变量界面

将 MinGW 的二进制可执行文件的路径 D:\MinGW\bin 添加进去。新建环境变量界面如图 1-36 所示。单击“确定”按钮，完成 MinGW 的 gcc 命令的环境变量的设置。

编辑环境变量
%SystemRoot%\system32
%SystemRoot%
%SystemRoot%\System32\Wbem
%SYSTEMROOT%\System32\WindowsPowerShell\v1.0\
%SYSTEMROOT%\System32\OpenSSH\
D:\MinGW\bin
新建(N)
编辑(E)
浏览(B)...
删除(D)
上移(U)
下移(O)
编辑文本(T)...
确定
取消

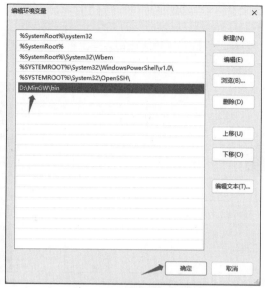

图 1-36　新建环境变量界面

设置完成后，进入 Windows 10 操作系统的命令提示符窗口，执行以下命令。

```
gcc -v
```

查询 GCC 版本信息，如图 1-37 所示。

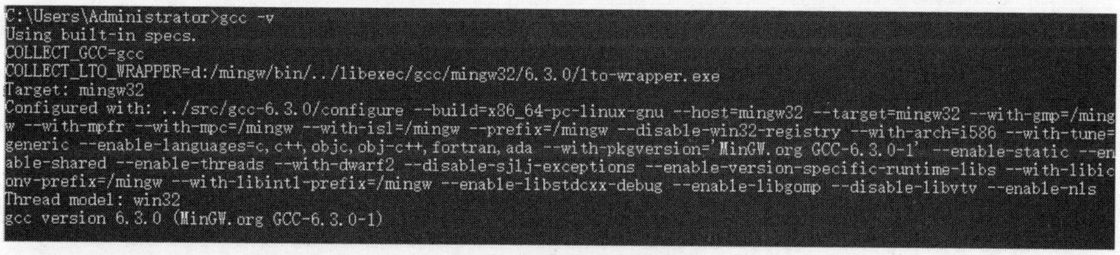

C:\Users\Administrator>gcc -v
Using built-in specs.
COLLECT_GCC=gcc
COLLECT_LTO_WRAPPER=d:/mingw/bin/../libexec/gcc/mingw32/6.3.0/lto-wrapper.exe
Target: mingw32
Configured with: ../src/gcc-6.3.0/configure --build=x86_64-pc-linux-gnu --host=mingw32 --target=mingw32 --with-gmp=/mingw --with-mpfr --with-mpc=/mingw --with-isl=/mingw --prefix=/mingw --disable-win32-registry --with-arch=i586 --with-tune=generic --enable-languages=c,c++,objc,obj-c++,fortran,ada --with-pkgversion='MinGW.org GCC-6.3.0-1' --enable-static --enable-shared --enable-threads --with-dwarf2 --disable-sjlj-exceptions --enable-version-specific-runtime-libs --with-libiconv-prefix=/mingw --with-libintl-prefix=/mingw --enable-libstdcxx-debug --enable-libgomp --disable-libvtv --enable-nls
Thread model: win32
gcc version 6.3.0 (MinGW.org GCC-6.3.0-1)

图 1-37　查询 GCC 版本信息

2. 在银河麒麟桌面操作系统中搭建 C 语言开发环境

步骤 1　安装 Visual Studio Code

在 Visual Studio Code 官方网站下载 Linux 版本，如图 1-38 所示。

Windows
Windows 10、11
用户安装程序 x64 Arm64
系统安装程序 x64 Arm64
.zip x64 Arm64
CLI x64 Arm64
.deb
Debian、Ubuntu
.rpm
Red Hat、Fedora、SUSE
.deb x64 Arm32 Arm64
.rpm x64 Arm32 Arm64
.tar.gz x64 Arm32 Arm64
Snap Snap 商店
CLI x64 Arm32 Arm64
Mac
macOS 11.0+
.zip Intel 芯片 Apple 芯片 通用
CLI Intel 芯片 Apple 芯片

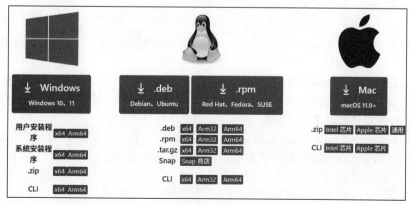

图 1-38　下载 Linux 版本

　　针对 ARM 架构的终端，下载 DEB 文件的 ARM64 版本；针对 AMD 和 X86 架构的终端，下载 DEB 文件的 64bit 版本。将下载的文件存放到当前用户目录的"下载"目录下，例如，当前用户是"jamie"，下载的文件应存放到"/home/jamie/下载"目录下。下载的 Visual Studio Code 安装包文件如图 1-39 所示。

　　单击银河麒麟桌面操作系统的"开始菜单"按钮，弹出菜单项，选择"终端"选项，如图 1-40 所示。

图1-39　下载的 Visual Studio Code 安装包文件

图1-40　选择"终端"选项

　　进入终端界面，进入"/home/jamie/下载"目录，可以查看 Visual Studio Code 安装包文件，如图 1-41 所示。

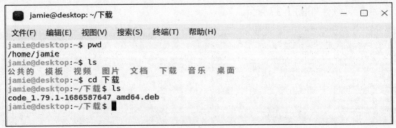

图1-41　查看 Visual Studio Code 安装包文件

　　在终端执行以下命令进行 Visual Studio Code 的安装。

```
$ sudo apt install -f ./code_1.79.1-168657647_amd64.deb
```

　　银河麒麟操作系统提示是否安装该软件，授权允许安装后，系统开始安装 Visual Studio Code，安装完成后在终端执行如下命令。

```
$ code
```

　　执行上述命令后打开 Visual Studio Code，系统提示进行布局选择，同时可以设置编辑器语言，可参考在 Windows 操作系统中的操作。

步骤 2　安装 Visual Studio Code 插件

安装 Visual Studio Code 插件的操作可参考在 Windows 操作系统中的操作。

步骤 3　搭建 C 语言编译基础环境

在银河麒麟桌面操作系统中进行 C 语言开发时需要 GCC 支持，银河麒麟桌面操作系统自带 GCC。在操作系统的终端输入以下命令检查 GCC 版本，GCC 版本信息如图 1-42 所示。

```
$ gcc -v
```

　　对于单个文件，使用 GCC 编译即可；对于大型工程，可以使用 Makefile 管理，这就需要用到 make 工具。检查系统的 make 工具是否安装的命令如下。

```
$ make -v
```

make 工具信息如图 1-43 所示。

图 1-42　GCC 版本信息

图 1-43　make 工具信息

对系统进行更新，保证系统使用最新的版本，命令如下。银河麒麟桌面操作系统更新如图 1-44 所示。

```
$ sudo apt-get update
```

使用以下命令安装 GDB。界面提示是否继续执行，如图 1-45 所示。

```
$ sudo apt-get install build-essential gdb
```

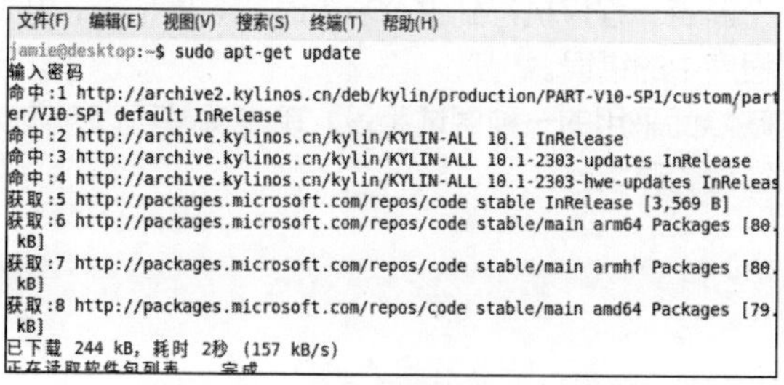

图 1-44　银河麒麟桌面操作系统更新

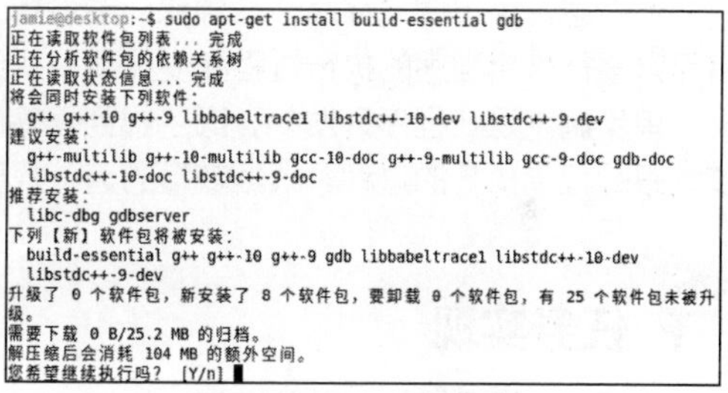

图 1-45　提示是否继续执行

输入"y"进行安装，银河麒麟桌面操作系统 GDB 安装成功界面如图 1-46 所示。

图 1-46　银河麒麟桌面操作系统 GDB 安装成功界面

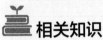 **任务 2** 第一个应用程序的开发与调试

任务目标

编写第一个应用程序，理解其中每行代码的含义并实现这个应用程序的编译、运行与调试。

相关知识

知识点 1：C 语言程序的编译机制

C 语言程序的编译机制是指将源代码（以扩展名为 ".c" 的文件形式存储）转换为可执行文件。这个过程通常分为 4 个主要阶段：预处理、编译、汇编和链接。

在预处理阶段，编译器会对代码中的宏、条件编译指令等进行处理并生成中间代码。在编译阶段，编译器将中间代码转换为汇编代码。在汇编阶段，编译器将汇编代码转换为机器代码，并生成目标文件。在链接阶段，目标文件会和库文件进行链接，生成可执行文件。

知识点 2：断点和单步调试

断点通常用于调试程序，在源代码中设置一个断点，程序执行到这个断点时就会停下来，开发者可以逐行检查程序的执行过程和变量值，找到程序中的错误。

单步调试是在程序开发中，为了找到程序的缺陷而采用的一种调试手段。单步调试可以一步一步地跟踪程序执行的过程，根据变量的值，找到错误的原因。

任务实现

步骤 1 编写第一个应用程序

在终端窗口中，先创建一个名为 workspace 的目录作为 C 语言项目的工作空间，后面开发的项目都可以存储在这个工作空间中，再创建一个名为 helloworld 的目录作为 helloworld 项目的存储目录，如图 1-47 所示。

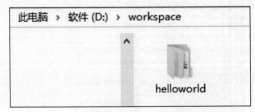

图 1-47 创建工作空间与 helloworld 目录

打开 Visual Studio Code，在菜单栏中选择"文件"→"打开文件夹"选项。打开 helloworld 目录，如图 1-48 所示。

在此目录下，单击"新建文件夹"按钮，如图 1-49 所示，创建 src、lib、script、conf、doc、bin 等子目录。

选择 src 目录，单击"创建文件"按钮，创建 helloworld.c，如图 1-50、图 1-51 所示。

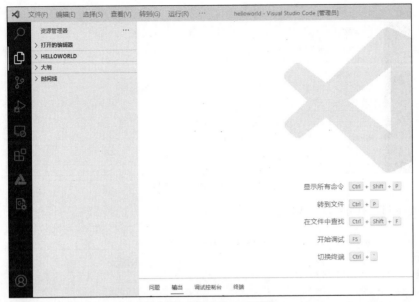

图 1-48　打开 helloworld 目录

图 1-49　单击"新建文件夹"按钮

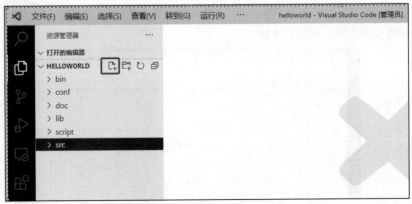

图 1-50　单击"创建文件"按钮

图 1-51　创建 helloworld.c

在 helloworld.c 中输入以下代码。

```
/**
    **************************************************
    * @file        helloworld.c
    * @author      Jamie Xu
    * @version     1.0
    * @date        2023.6.16
    * @brief       "第一个输出程序"
    *
**/

#include <stdio.h>
int main(void){
    printf("This is my first program;\n");
    printf("Hello, Chengdu Textile College;\n");
    printf("It is a wonderful journey in my life.\n");
}
```

输入代码后，在编辑器中可以看到"#include <stdio.h>"这行代码报错，如图 1-52 所示。
单击💡按钮，在弹出的下拉列表中选择"编辑'compilerPath'设置"选项，如图 1-53 所示。

图 1-52　"#include <stdio.h>"报错　　　　　图 1-53　选择"编辑'compilerPath'设置"选项

进入编译器设置界面，如图 1-54 所示。

图 1-54　编译器设置界面

在编译器路径选项中设置编译器路径为 MinGW 的路径，编译器路径设置如图 1-55 所示。

图 1-55 编译器路径设置

将 IntelliSense 模式设置为"linux-gcc-x64"，如图 1-56 所示。c_cpp_properties.json 配置文件如图 1-57 所示。

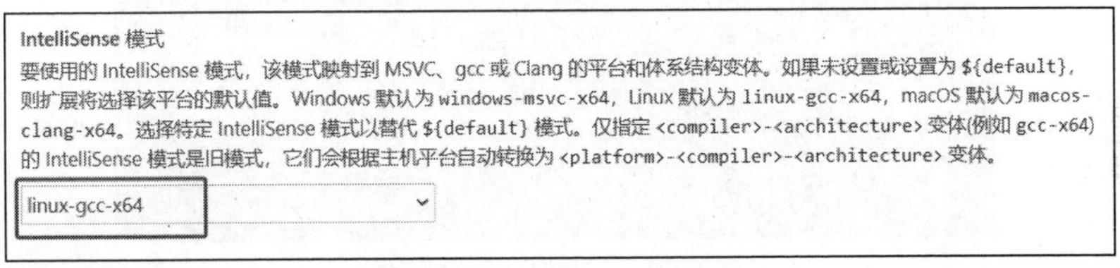

图 1-56 IntelliSense 模式设置

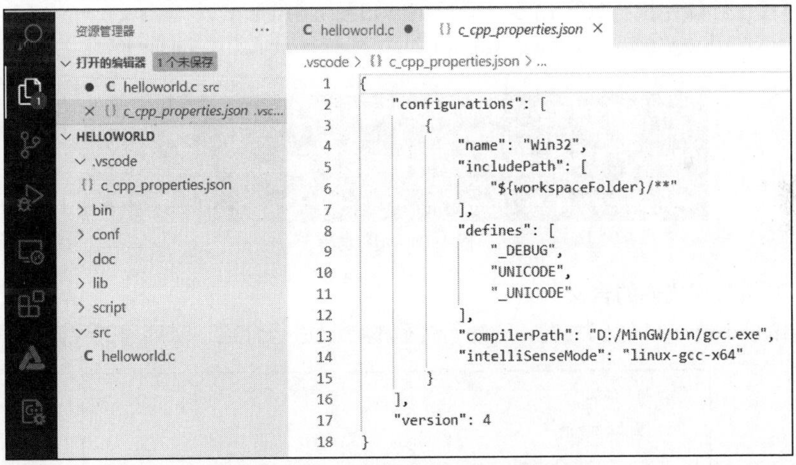

图 1-57 c_cpp_properties.json 配置文件

回到 helloworld.c 页面，可发现刚才的错误提示信息消失了，如图 1-58 所示。

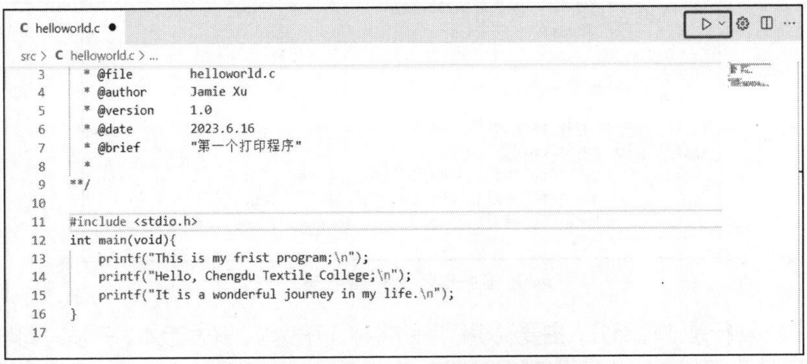

图 1-58 helloworld.c 的错误提示信息消失

单击 Visual Studio Code 右上角的"运行"按钮，系统将对程序进行编译与执行，编译与执行程序的结果如图 1-59 所示。

```
PS E:\project\helloworld> cd 'e:\project\helloworld\src\output'
PS E:\project\helloworld\src\output> & .\'helloworld.exe'
This is my frist program;
Hello, Chengdu Textile College;
It is a wonderful journey in my life.
PS E:\project\helloworld\src\output> []
```

图 1-59　编译与执行程序的结果

编译成功后，在当前源代码目录的子目录 output 下会产生一个可执行文件，通过 dir 命令查看文件，如图 1-60 所示。

```
PS E:\project\helloworld\src\output> dir

    目录: E:\project\helloworld\src\output

Mode                 LastWriteTime         Length Name
----                 -------------         ------ ----
-a----         2024/5/24     14:09          58378 helloworld.exe
```

图 1-60　通过 dir 命令查看文件

也可以直接在终端中执行如下命令，运行结果如图 1-61 所示。

```
PS E:\project\helloworld\src\output> ./helloworld.exe
```

```
PS E:\project\helloworld\src\output> ./helloworld.exe
This is my frist program;
Hello, Chengdu Textile College;
It is a wonderful journey in my life.
PS E:\project\helloworld\src\output> []
```

图 1-61　运行结果

步骤 2　理解每行代码的含义

以带序号的 helloworld 代码为例，对每行代码的含义进行介绍，带序号的代码如图 1-62 所示。

```
C helloworld.c ×

src > C helloworld.c > ...
  1   /**
  2     ********************************************************
  3     * @file      helloworld.c
  4     * @author    Jamie Xu
  5     * @version   1.0
  6     * @date      2023.6.16
  7     * @brief     "第一个输出程序"
  8     *
  9   **/
 10
 11   #include <stdio.h>
 12   int main(void){
 13       printf("This is my frist program;\n");
 14       printf("Hello, Chengdu Textile College;\n");
 15       printf("It is a wonderful journey in my life.\n");
 16   }
```

图 1-62　带序号的代码

程序的第 1～9 行是注释部分，主要说明程序的名称、开发者、开发版本、开发时间与主要功能等，以方便项目管理者和开发者对代码进行版本管理、升级与维护，因此建议初学者养成良好的注释习惯。

程序的第 11 行#include <stdio.h>是文件包含的预处理命令，这也是 C 语言程序中最容易看到的命令之一。为什么要用到它呢？这是因为在本程序的第 13～15 行代码中，出现了 3 个输出函数 printf()，而支撑这些输出函数在输出设备上正确工作的也是一段程序，但它不需要用户编写，而是由 C 语言系统提供的，该程序是放在标准输入输出（standard input output）库中的，当在程序的第 11 行中使用了#include <stdio.h>命令后，就能将标准库函数中头文件<stdio.h>的相关程序包含到用户编写的程序中。换句话说，第 11 行的"预处理"其实是为后面调用 C 语言标准库函数做准备的。头文件<stdio.h>中的"stdio"就是由"标准 + 输入 + 输出"的英文缩写组合而成的，文件的扩展名".h"代表"head"，这也是所有头文件的共同标志。

程序的第 12 行出现了 main()函数（主函数），这是 C 语言程序中系统规定的特殊函数，一个 C 语言程序有且仅有一个 main()函数。C 语言程序执行的时候，总是从 main()函数开始，这里就是从它后面的花括号"{"开始，到"}"结束。花括号中间的部分就是 main()函数的具体执行部分，这是由用户编写的，称为函数体。在 main 的后面跟着一个空的"()"，表明 main()函数没有带返回值，函数可以有返回值，也可以没有返回值。

程序的第 13 行是 main()函数中的一个语句，此语句由"printf()"这个输出函数构成，输出时能将括号中双引号里面的字符串在屏幕上原样地显示出来。注意，每一个语句后面必须用一个分号来表示该语句的结束。

程序的第 16 行是 main()函数的结束符号，程序是在 main()函数中结束运行的。

步骤 3　断点设置与单步调试

可以单击程序第 13 行的左侧来设置断点，如图 1-63 所示。

```
C helloworld.c ×
src > C helloworld.c > ...
  1   /**
  2    ********************************************
  3    * @file      helloworld.c
  4    * @author    Jamie Xu
  5    * @version   1.0
  6    * @date      2023.6.16
  7    * @brief     "第一个输出程序"
  8    *
  9    **/
 10
 11   #include <stdio.h>
 12   int main(void){
 13       printf("This is my frist program;\n");
 14       printf("Hello, Chengdu Textile College;\n");
 15       printf("It is a wonderful journey in my life.\n");
 16   }
```

图 1-63　设置断点

单击编辑器右上角的下拉按钮，在弹出的下拉列表中选择"调试 C/C++文件"选项，如图 1-64 所示。

图 1-64　选择"调试 C/C++文件"选项

系统进入调试状态，在界面中出现一些按钮，如图 1-65 所示。

单击"单步调试"按钮或按 F10 键进行单步调试，如图 1-66 所示。

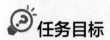

图 1-65　界面按钮

图 1-66　单步调试

执行"单步调试"功能后，系统输出第一行信息"This is my first program"，继续单击"单步调试"按钮或者直接按 F5 键完成程序的执行。

任务 3　输出唐诗《登鹳雀楼》

任务目标

使用主函数、多个子函数实现唐诗的输出，同时在开发过程中熟悉代码注释和风格，养成良好的 C 语言开发习惯。

相关知识

知识点 1：函数

在 C 语言中，一个函数能实现一个特定的功能；一个 C 语言程序无论长短，都由一个或多个函数构成，且其中有且仅有一个主函数，主函数可以调用其他函数，其他函数也可以相互调用。同一个函数可以被一个或多个函数多次调用。

知识点 2：代码注释和风格

代码注释是对程序代码的解释和说明，目的是让人们能够更加方便地了解代码，提高代码的可读性。

代码风格是指在编写代码的过程中所要遵循的、特定的规范或规则，如代码注释的书写格式、缩进的规范、命名规则等。

知识点 3：C 语言程序结构

从本单元任务 2 的例子中，可以看出 C 语言程序必须有一个主函数，实际上，在主函数中还会调用多个其他函数。这里的函数不是指数学概念中的函数，在 C 语言中，函数在形式上表示为有唯一名称的一段程序。

《登鹳雀楼》是大家熟悉的一首唐诗，这首唐诗表达了登高才能望远的哲理。诗中共有两个句子，在"tang_poetry.c"程序中将此唐诗的每一个句子分别用一个有唯一名称的程序段来输出，也就是用一个 C 语言的函数输出，并在主函数中分别调用这两个函数，最后输出得到完整的诗句。

程序 tang_poetry.c 的函数调用执行关系如图 1-67 所示。图中左边的矩形表示主函数，右边两个矩形则分别表示函数 1、函数 2 两个子函数。程序从主函数开始执行，在执行过程中遇到子函数的名称后，程序就会转去执行对应的子程序，执行完后又回到主函数调用位置的下一个语句，最后程序的运行在主函数中结束。

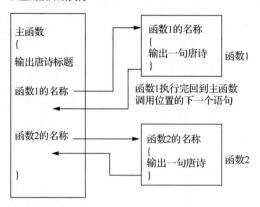

图 1-67　程序 tang_poetry.c 的函数调用执行关系

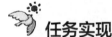

任务实现

步骤 1　唐诗《登鹳雀楼》输出程序开发

在工作空间中创建唐诗输出程序主目录 poetrypro，创建程序的基本目录，包括 bin、conf、lib、script、src，如图 1-68 所示。

创建源代码文件 tang_poetry.c，如图 1-69 所示。

图 1-68　创建程序的基本目录

图 1-69　创建源代码文件 tang_poetry.c

在 tang_poetry.c 中输入如下代码。

```
1   /*
2    ************************************************
3    * @file      tang_poetry.c
4    * @author    Jamie Xu
5    * @version   1.0
6    * @date      2023.6.16
7    * @brief     "输出王之涣-登鹳雀楼程序"
8    *
9   */
10
11  #include <stdio.h>   //程序预处理命令
12
```

```
13   /*
14      ****************************
15      *  声明两个子函数为空类型
16      *
17      * * ****************************
18   */
19   void  sentence1();
20   void  sentence2();
21
22   int main(void)          //主函数
23   {
24       printf("  登鹳雀楼 - 王之涣\n"); //主函数中先输出唐诗的标题
25       printf("\n");
26       sentence1();        //调用子函数1，输出第一句唐诗
27       sentence2();        //调用子函数2，输出第二句唐诗
28   }                       //主函数结束
29
30   void sentence1()        //子函数1的首部
31   {
32       printf("白日依山尽，黄河入海流\n");
33   }
34
35   void sentence2()        //子函数2的首部
36   {
37       printf("欲穷千里目，更上一层楼\n");
38   }
```

运行 tang_poetry.c，源代码运行结果如图 1-70 所示。

图 1-70 源代码运行结果

可以看出中文显示为乱码，其主要原因是 Windows 10 默认编码为 GBK 编码，Visual Studio Code 开发工具默认编码为 UTF-8，默认编码不一致，解决办法是单击 Visual Studio Code 开发工具底部的 "UTF-8" 按钮进行编码设置，"UTF-8" 按钮的位置如图 1-71 所示。

| ✿ Compile ✿ Debug | 空格:4 | UTF-8 | CRLF | {} C | 🌐 Go Live | Win32 | ⚙ 🔔 |

图 1-71 Visual Studio Code 开发工具 "UTF-8" 按钮的位置

单击 "UTF-8" 按钮后，Visual Studio Code 开发工具弹出下拉菜单，如图 1-72 所示。

图 1-72 Visual Studio Code 开发工具弹出下拉菜单

选择 "通过编码保存" 选项，弹出下拉菜单，可以选择用于保存的文件编码，Visual Studio Code 开发工具编码选项如图 1-73 所示。

选择 "Simplified Chinese (GBK) gbk"（简体中文）选项，保存程序并执行，程序运行结果显示为正确的中文，如图 1-74 所示。

图 1-73　Visual Studio Code 开发工具编码选项　　　图 1-74　程序运行结果显示为正确的中文

步骤 2　学习代码注释与书写特点

（1）代码注释

注释是为了增强程序的可读性而人为加上的说明信息，包括程序的功能、用途、符号的含义或程序的方法等。在 tang_poetry.c 源程序的第 1～9 行中，第 1 行以"/*"开始，第 9 行以"*/"结束，进行了多行注释；第 11 行右边的"//程序预处理命令"是单行注释。C 语言的注释不影响程序本身的功能，也不参与执行。一个优秀的程序员应该养成为程序加上注释的习惯，这样有利于团队合作开发项目。在 Visual Studio Code 的"编辑"菜单中有"切换行注释""切换块注释"两个选项，如图 1-75 所示。

选中需要注释的代码，选择"切换行注释"选项，可以对代码进行"行注释"，代码行注释结果如图 1-76 所示。

图 1-75　代码注释选项　　　　　　　图 1-76　代码行注释结果

再次选中代码，选择"切换行注释"选项，就可以取消行注释。

（2）代码书写特点

C 语言程序书写代码的基本要点归纳如下。

① C 语言中大、小写字母是有区别的，通常程序用英文小写字母书写，如果将 main 写成 Main，则程序将不能运行。

② C 语言中分号是必要的组成部分，分号不能随便省略，但是在预处理命令、函数头（如 tang_poetry.c 中的第 11、22、30、35 行）、花括号的后面不能加分号。

③ 可以通过缩进来表示代码块的层次结构，这样程序的层次关系更加明显。

④ 每一对花括号的"{"和"}"按列对齐。

拓展任务　俄罗斯方块实现分析

使用 C 语言编写一个俄罗斯方块游戏系统，要求程序运行后有一个图形用户界面，可实现各种方块的生成，包括形状和颜色等信息，完成左、右、下旋转的功能，在消行的同时实现加分，在单击暂停按钮或者按下空格键的时候暂停或开始游戏，最后结束游戏。

俄罗斯方块实现与 C 语言知识点的映射如表 1-1 所示。

表 1-1　俄罗斯方块实现与 C 语言知识点的映射

单元	C 语言知识点	对应项目模块
2	变量与表达式	全局变量、main()函数
3	字符型数据	画游戏方块、画游戏空格
4	顺序结构程序设计	main()函数
5	选择结构程序设计	得分合法性判断、判断得分与游戏结束、游戏主体逻辑函数
6	循环结构程序设计	游戏主体逻辑函数、判断得分与游戏结束
7	数组	画游戏空格
8	函数	main()函数、游戏主体逻辑函数
9	编译预处理	#ifndef、#define、#pragma 的使用
10	指针	从纪录文件中读取得分、写最高分到纪录文件中
11	结构体和共用体	struct gt_data_info
12	位运算	碰撞检测
13	文件管理和操作	从纪录文件中读取得分、写最高分到纪录文件中

具体实现见单元 14 "综合项目开发——俄罗斯方块"。

课后习题

一、选择题

1. C 语言程序中的主函数（　　）。

　　A. 可以有多个　　　　B. 可以没有　　　　C. 有且只有一个　　　　D. 以上说法都不对

2. 以下说法错误的是（　　）。

　　A. 函数是 C 语言程序的基本单位

　　B. 主函数调用的函数可以是用户根据需要自己编写的函数，也可以是系统的库函数

　　C. C 语言程序总是从 main()函数开始执行的

　　D. C 语言程序中的其他函数也可以调用主函数

3. C 语言中，关于 main()函数的位置要求是（　　）。

　　A. 可以任意　　　　　　　　　　　　　　B. 必须是第一个函数

　　C. 必须放在它所调用的函数之后　　　　　D. 必须是最后一个函数

4. C 语言程序的注释方法是（　　）。

　　A. 以 "/*" 开头，以 "/*" 结束

　　B. 以 "/*" 开头，以 "*/" 结束；也可以只以 "//" 开头，后面跟着注释

　　C. 以 "/*" 开头，以 "//" 结束

　　D. 以上说法都不对

5. C 语言程序的运行从（　　）。

　　A. 第一个函数开始，到最后一个函数结束　　B. main()函数开始，到最后一个函数结束

　　C. 第一个语句开始，到最后一个语句结束　　D. 以上说法都不对

二、编写程序

编写一个 C 语言程序，在屏幕上输出 "我的好伙伴——C 语言"。

单元2
变量与表达式

02

知识目标

1. 初步认识C语言的数据类型，包括整型数据、浮点型数据等。
2. 掌握变量和常量的命名规则以及在程序中的使用方法。
3. 掌握算术表达式的概念，熟悉运算符的使用方法和优先级。

能力目标

1. 能够启动编辑工具，创建和打开C语言文件。
2. 能够完成简单代码的编写与编译。
3. 能够加载C语言文件，完成代码的修改、调试和运行。
4. 能够找到并运行可执行文件。

素质目标

1. 养成认真、严谨的做事习惯。
2. 培养踏实的工作态度。

单元任务组成

本单元主要学习变量、常量、运算符和表达式等内容，任务组成情况如图2-1所示。

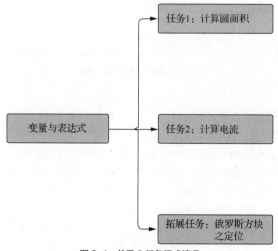

图2-1　单元2任务组成情况

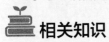 计算圆面积

任务目标

学习 C 语言变量、常量的相关知识，完成圆面积的计算。

相关知识

知识点 1：变量定义与使用

变量是动态值，在程序运行过程中根据业务逻辑的不同而不断变化，其本质是程序可操作的存储区的名称。C 语言的每个变量都有特定的数据类型，数据类型决定了变量在内存中存储的大小和布局。

（1）变量定义

C 语言中，值可以改变的量称为变量。在程序运行时，变量会占用一个到几个存储单元，用来存放变量的值。C 语言强制规定了在程序中使用变量时必须先定义、后使用。定义的作用就是明确指出变量的类型，以便计算机分配适当的内存和进行后续处理。变量定义的语法如下。

数据类型 变量名 1[,变量名 2,…]

在定义变量时，数据类型和变量名之间用 1 个空格隔开。如果定义多个变量，则各个变量名之间用逗号隔开，最后一个变量后要加上分号。

归纳起来，变量有 3 个特征：一是有一个符合命名规则的变量名；二是变量有类型之分，不同类型的变量占用的内存单元不同；三是变量可以存放值，变量在使用前必须赋值，在定义变量时为变量赋初值的过程称为变量的初始化。在使用过程中，应注意变量名和变量值是不同的概念，变量名和变量值的关系如图 2-2 所示。

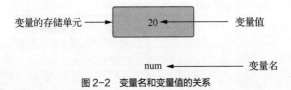

图 2-2 变量名和变量值的关系

（2）变量命名规则

C 语言中，变量命名遵循以下规则。

① 变量名由字母、数字和下画线组成，且必须以字母或下画线开头。

② C 语言对字母大小写敏感，Abc、abc、aBc 是 3 个不同的变量名。

③ 变量名尽量能够表示变量的含义，对于"用户名"的变量命名，userName 要优于 x。

④ 变量名尽量使用英文，对于"年龄"的变量命名，age 要优于 nianling。

根据变量命名规则，思考下列哪些变量名符合命名规则。

```
age
first-letter
18year
_title
```

> **注意** 变量命名时，尽量采用驼峰式命名方法（从第二个单词开始，每个单词的首字母大写），例如，对于"用户名"，变量名采用 userName 要优于 username。

知识点 2：数据类型

现实生活中数据有不同的形式，例如，平时说的一句话是文字组合、银行存款是小数、库存数量是整数。C 语言采用数据类型来表示不同形式的数据。C 语言数据类型如图 2-3 所示。

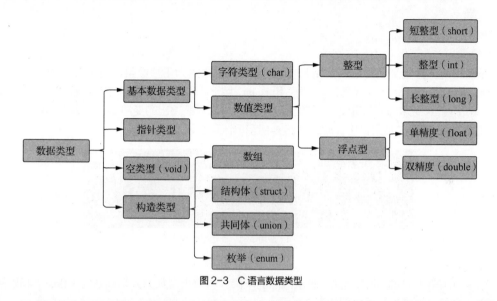

图 2-3　C 语言数据类型

C 语言数据类型包括基本数据类型、指针类型、空类型和构造类型，不同数据类型占用的内存空间、数据表示范围以及精度有所差异。本单元主要掌握数值类型的定义与使用方法，其他数据类型会在后续学习中介绍。

数值类型数据包含整型数据和浮点型数据。

（1）整型数据

在 C 语言中，根据整型数据表示范围的不同，可以分为短整型数据、整型数据、长整型数据等，整型数据类型如表 2-1 所示。

表 2-1　整型数据类型

数据类型	占用字节数	取值范围
short	2	$-2 \times 10^{15}-1 \sim 2 \times 10^{15}-1$
unsigned short	2	$0 \sim 2 \times 10^{16}-1$
int	4	$-2 \times 10^{31}-1 \sim 2 \times 10^{31}-1$
unsigned int	4	$0 \sim 2 \times 10^{32}-1$
long	4	$-2 \times 10^{31}-1 \sim 2 \times 10^{31}-1$
unsigned long	4	$0 \sim 2 \times 10^{32}-1$

整型变量是对整型数据类型的实例化，用于在程序中存储和处理整数值。整型变量有两类，一类是有符号数，另一类是无符号数。无符号数下限从 0 开始，无法表示负数，但数据范围上限为对应有符号数的 2 倍。在实际使用时，根据变量含义选择较为合适的整型数据类型以达到节约内存、提升效率的目的。整型变量的使用方法如应用举例 2-1 所示。

应用举例 2-1：整型变量的使用方法

```
1   #include <stdio.h>            //程序的预处理命令
2   int main()                    //程序的主函数
3   {
4       unsigned short age = 20;
5       int count = 1000;
6       printf("age = %d \n", age);
7       printf("count = %d \n", count);
8   }
```

程序的第 4 行定义了整型变量 age，含义为年龄，年龄为正整数且数值不会太大，因此选择 unsigned short 较为合适；第 5 行定义了整型变量 count，用于计数；第 6 行为年龄信息输出，其中，printf( ) 是一个输出函数，它将 age 变量的结果输出到控制台，%d 代表输出的变量 age 为整型，\n 为换行符；第 7 行将 count 变量的结果输出。应用举例 2-1 运行结果如图 2-4 所示。

图 2-4　应用举例 2-1 运行结果

（2）浮点型数据

在 C 语言中，根据浮点型数据表示范围的不同，将浮点型数据分为单精度（float）和双精度（double）两种，浮点型数据类型如表 2-2 所示。

表 2-2　浮点型数据类型

数据类型	占用字节数	有效数字位数	取值范围
float	4	7 个十进制位	$-3.4×10^{38}～3.4×10^{38}$
double	8	15 个十进制位	$-1.7×10^{308}～1.7×10^{308}$

在使用浮点型数据时要注意精度问题，若有效数字位数超出范围，则可能造成部分数据丢失。浮点型变量的使用方法如应用举例 2-2 所示。

应用举例 2-2：浮点型变量的使用方法

```
1   #include <stdio.h>            //程序的预处理命令
2   int main()                    //程序的主函数
3   {
4       float x = 12345.1234567; //x = 12345.123047
5       printf("x = %f", x);
6   }
```

程序的第 4 行定义了单精度变量 x，取值为 12345.1234567，而运行结果为 12345.123047，这是由于单精度有效数字位数为 7。建议涉及浮点运算的操作优先考虑双精度数据类型，尤其是在进行与金融、科学计算相关的业务时。应用举例 2-2 运行结果如图 2-5 所示。

```
x = 12345.123047
────────────────────────────────────────
Process exited after 0.1953 seconds with return value 0
请按任意键继续. . .
```

图 2-5　应用举例 2-2 运行结果

此外，整型数据与浮点型数据还可以采用科学记数法方式表示，如 1e2 表示 $1 * 10^2 = 100$；而 $1.2e3 = 1.2 * 10^3 = 1200$。

知识点 3：常量定义与使用

常量是固定值，在程序执行过程中，常量的值不会改变。因此，适合将一成不变的值设置为常量，如圆周率 π、自然常数 e 等。定义常量有两种方式，一种是使用#define 预处理器，另一种是使用 const 关键字。

（1）#define 定义常量

使用#define 预处理器定义常量的语法如下。

```
#define 标识符 常量
```

使用#define 定义常量时，标识符的类型由后面跟随的常量类型决定。一旦定义，以后在程序中所有出现该标识符的地方，都用标识符后面的常量替代。

使用#define 定义常量时，必须以"#"作为一行的开头，在#define 命令行结尾不得加上分号，且一个#define 只能定义一个常量。#define 定义常量如应用举例 2-3 所示。

应用举例 2-3：#define 定义常量

```
1  #include <stdio.h>          //程序的预处理命令
2  #define PI 3.1415926
3  int main()
4  {
5      printf("圆周率π的值为 : %f", PI); //圆周率π的值为 3.141593
6  }
```

程序的第 2 行通过#define 定义了常量 PI，在编译阶段 PI 被替换为 3.1415926，然而程序第 5 行的运行结果为 3.141593，这是由于单精度变量有效数字位数为 7。应用举例 2-3 运行结果如图 2-6 所示。

```
圆周率π的值为 : 3.141593
--------------------------------
Process exited after 0.2 seconds with return value 0
请按任意键继续. . .
```

图 2-6　应用举例 2-3 运行结果

（2）const 定义常量

使用 const 定义常量的语法如下。

```
const 数据类型 常量名 = 常量值;
```

采用 const 定义常量要注意以下两点。

① const 定义的常量不能重新赋值。

② 使用 const 定义常量时，必须同时完成定义与赋值操作，不能先定义再赋值。

const 定义常量如应用举例 2-4 所示。

应用举例 2-4：const 定义常量

```
1  #include <stdio.h>              //程序的预处理命令
2  int main()
3  {
4      const int x = 10;
5      printf("x = %d", x);        //x = 10
6      //x = 20; //报错，常量值不允许改变
7
8      //使用 const 定义常量时，必须同时完成定义与赋值操作
```

```
9        //const y;
10       //y = 5;
11   }
```

程序的第 4 行使用 const 关键字定义了常量 x，第 5 行进行变量 x 的输出。若程序将第 6 行的注释取消，系统将会报错，这是由于常量的值是不可改变的。使用 const 定义常量时，必须同时完成定义与赋值操作，不可先定义再赋值。因此，若取消注释程序的第 9 行和第 10 行，则系统会报错。应用举例 2-4 运行结果如图 2-7 所示。

图 2-7　应用举例 2-4 运行结果

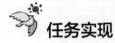 **任务实现**

任务要求根据用户输入的圆的半径计算圆的面积，并将计算结果输出至控制台。

计算圆面积的程序如下。

```
1   #include <stdio.h>    //程序的预处理命令
2   #define PI 3.14       //声明常量
3   int main()
4   {
5       int r = 2;        //圆半径 r
6       float s;          //圆面积 s
7       s = PI * r * r;   //计算圆的面积
8       printf("s=%.2f", s);
9   }
```

程序的第 2 行通过#define 定义了圆周率常量，第 5 行定义了圆的半径 r，第 6 行定义了圆的面积 s，第 7 行完成圆的面积计算，第 8 行输出圆的面积，%.2f 表示保留两位小数。计算圆面积的程序的运行结果如图 2-8 所示。

图 2-8　计算圆面积的程序的运行结果

任务 2　计算电流

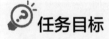 **任务目标**

应用 C 语言运算符和表达式的相关知识点，完成电路中电流的计算。

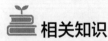 **相关知识**

知识点 1：运算符的分类

在 C 语言中，运算符分为赋值运算符、算术运算符、复合赋值运算符、自增（减）运算符、比较运算符、逻辑运算符、位移运算符等。本单元主要介绍赋值运算符、算术运算符、复合赋值运算符、自增（减）运算符的使用方法。比较运算符、逻辑运算符和位移运算符会在后续单元中进行详细介绍。

（1）赋值运算符

赋值运算符是程序编写过程中使用非常频繁的一个运算符，即"="。赋值运算符如表 2-3 所示。

表 2-3　赋值运算符

运算符	说明	例子
=	赋值运算符	int x = 10

赋值运算符将等号右侧的值赋予等号左侧的变量。表 2-3 中的例子 int x = 10 表示将 10 赋予变量 x，此时，x 的值为 10。

（2）算术运算符

算术运算符如表 2-4 所示。算术运算符的应用如应用举例 2-5 所示。

表 2-4　算术运算符

运算符	说明	例子（括号内为结果）
+	加法运算符	1 + 2（3）
−	减法运算符	2 − 1（1）
*	乘法运算符	2 * 4（8）
/	除法运算符	4 / 2（2）
%	求余运算符	10 % 3（1）

应用举例 2-5：算术运算符的应用

```
1    #include <stdio.h>    //程序的预处理命令
2    int main()
3    {
4        int a = 10;
5        int b = a + 5;        //加法运算
6        int c = a - 2;        //减法运算
7        int d = a * 4;        //乘法运算
8        printf("b = %d, c = %d, d = %d \n", b, c, d); //b = 15, c = 8, d = 40
9
10       //除法运算
11       int x = 10 / 3;       //3
12       float y = 10.0 / 3;  //3.33
13       printf("x = %d, y = %.2f \n", x, y);  // x = 3, y = 3.33
14
15       int m = 10 % 3;       //求余运算
16       printf("m = %d", m); // m = 1
17   }
```

程序的第 4 行定义了整型变量 a，并将其值设置为 10；第 5 行执行的是加法运算，将 a 的值加 5，并赋予 b，b 此时的值为 15；第 6 行执行的是减法运算，将 a 的值减 2，并赋予 c，c 此时的值为 8；第 7 行执行的是乘法运算，将 a 的值乘 4，并赋予 d，d 此时的值为 40；第 8 行为输出计算结果，结果为 b = 15，c = 8，d = 40。

程序的第 11 行执行的是整型数据的除法运算，结果为 3，这是由于整型变量除法会返回整数部分，忽略小数。程序的第 12 行同样执行的是除法操作，不同之处在于被除数为单精度类型，其返回结果为 3.33。这说明在进行除法运算时，只要除数或被除数有一个为浮点型，返回结果就为浮点型。程序的第 15 行进行的是求余运算，10 对 3 求余，商为 3，余数为 1，因此第 16 行输出的结果为 m = 1。应用举例 2-5 运行结果如图 2-9 所示。

```
b = 15, c = 8, d = 40
x = 3, y = 3.33
m = 1
_____
Process exited after 0.2317 seconds with return value 0
请按任意键继续. . .
```

图 2-9　应用举例 2-5 运行结果

（3）复合赋值运算符

复合赋值运算符的形式是在赋值运算符前加上算术运算符。复合赋值运算符首先进行四则运算，然后进行赋值运算。复合赋值运算符如表 2-5 所示。复合赋值运算符的应用如应用举例 2-6 所示。

表 2-5　复合赋值运算符

运算符	说明	例子（括号内为结果）
+=	加法运算后赋值	a=2; a+=1（a=3）
-=	减法运算后赋值	a=2; a-=1（a=1）
*=	乘法运算后赋值	a=2; a*=2（a=4）
/=	除法运算后赋值	a=2; a/=2（a=1）
%=	求余运算后赋值	a=10; a%=3（a=1）

应用举例 2-6：复合赋值运算符的应用

```
1   #include <stdio.h>            //程序的预处理命令
2   int main()
3   {
4       int a = 1;
5       a += 3;                   //等价于 a = a + 3
6       printf("a = %d \n", a);   //a = 4
7       a *= 2;                   //等价于 a = a * 2
8       printf("a = %d \n", a);   //a = 8
9   }
```

程序的第 4 行定义了变量 a 的值为 1；第 5 行 a+=3 的含义是首先执行 a+3，然后将 a+3 的结果赋予 a，即 a = a + 3，因此，第 6 行的结果为 a = 4；第 7 行执行 a *= 2（即 a = a * 2），此时 a=4，因此结果为 8。应用举例 2-6 运行结果如图 2-10 所示。

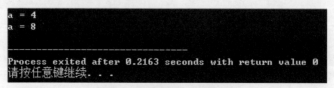

```
a = 4
a = 8
_____
Process exited after 0.2163 seconds with return value 0
请按任意键继续. . .
```

图 2-10　应用举例 2-6 运行结果

（4）自增（减）运算符

C 语言中有两个非常有特色的运算符，即自增运算符和自减运算符（++和--）。它们不仅为 C

语言编程提供了方便，还提高了 C 语言程序的执行效率。"++"和"--"都是针对一个整型变量的运算符。自增（减）运算符如表 2-6 所示。

表 2-6　自增（减）运算符

运算符	说明	例子
++	自增运算符	i++　++i
--	自减运算符	i--　--i

自增、自减运算符可以放在变量的前面，如++i、--i，称为前置形式；也可以放在变量的后面，如 i++、i--，称为后置形式。对于运算变量 i 而言，自增和自减运算最终都实现了变量 i 的加 1 或者减 1。

虽然不同的放置方法并不会影响变量本身运算的结果，但是会影响对变量值的使用，因此有必要理解两者的区别。

前置：++i、--i，先执行 i+1 或 i-1 操作，再使用 i 的值。

后置：i++、i--，先使用 i 的值，再执行 i+1 或 i-1 操作。

自增（减）运算符的应用如应用举例 2-7 所示。

应用举例 2-7：自增（减）运算符的应用

```
1    #include <stdio.h>              //程序的预处理命令
2    int main()
3    {
4        //后置自增运算
5        int a = 1;
6        int b = a++;
7        printf("a = %d, b = %d \n", a, b); //a = 2, b = 1
8
9        //前置自增运算
10       int m = 1;
11       int n = ++m;
12       printf("m = %d, n = %d \n", m, n); //m = 2, n = 2
13   }
```

程序的第 5 行定义了值为 1 的整型变量 a，第 6 行 int b = a++ 是将变量 a 的后置自增计算结果赋予变量 b。其执行过程如下：将 a 的值赋予 b，则 b = 1；执行 a++操作，即 a = a + 1，则 a = 2。

程序的第 10 行定义了值为 1 的整型变量 m，第 11 行 int n = ++m 是将变量 m 的前置自增计算结果赋予变量 n。其执行过程如下：执行 m++操作，即 m = m + 1，则 m = 2；将 m 的值赋予 n，则 n = 2。

应用举例 2-7 运行结果如图 2-11 所示。

图 2-11　应用举例 2-7 运行结果

 注意　后置自增（减）运算流程是先赋值，再增（减）；前置自增（减）运算流程是先增（减），再赋值。

知识点 2：运算符优先级

C 语言规定了运算符的优先级和结合性。在进行运算时，会按照运算符优先级的高低次序执行。例如，在算术运算符中，先进行同一优先级的乘法、除法和求余的运算，后进行下一个优先级的加法和减法运算。如果遇到了同级别的运算符，则按照"结合性"处理。

运算符的结合性也称为结合方向，算术运算符的结合性是"从左至右"。例如，x+y-z，加法和减法是同等优先级，因此要按照结合性处理，即先处理左边的运算符"+"，执行 x 加 y 操作，再执行减 z 操作。这种"从左至右"的结合方向也称为"左结合性"。各种运算符的优先级和结合方向见本书附录Ⅲ。

数学运算中常使用括号来改变运算顺序，同样，在 C 语言程序设计中也可以使用括号来控制运算的先后顺序，括号拥有最高的优先级。运算符优先级的应用如应用举例 2-8 所示。

应用举例 2-8：运算符优先级的应用

```
1  #include <stdio.h>            //程序的预处理命令
2  int main()
3  {
4      int a = 2 + 3 * 4;
5      int b = (2 + 3) * 4;
6      printf("a = %d, b = %d \n", a, b); //a = 14, b = 20
7  }
```

程序的第 4 行将 2 + 3 * 4 的结果赋予变量 a，乘法的优先级高于加法，算术表达式中先计算 3 * 4 = 12，再计算 2 + 12 = 14，因此 a 的最终结果为 14；第 5 行算术表达式(2 + 3) * 4 具有优先级较高的括号，所以先计算 2 + 3 = 5，再计算 5 * 4 = 20，b 的最终结果为 20。应用举例 2-8 运行结果如图 2-12 所示。

```
a = 14, b = 20

Process exited after 0.2019 seconds with return value 0
请按任意键继续. . .
```

图 2-12　应用举例 2-8 运行结果

> **注意**　在编写算术表达式时，要善于使用"（）"来改变计算的顺序，从而使表达式更容易被理解。

知识点 3：表达式与语句

表达式由运算符（变量、常量）结合而成，每个表达式一定有一个值。例如，1 是一个表达式、1+1 是一个表达式、1*2<=9 也是一个表达式。表达式有简单的，也有复杂的。C 语言中常用的表达式举例如表 2-7 所示。

表 2-7　C 语言中常用的表达式举例

表达式类型	例子
常量表达式	1, a, 5.6
算术表达式	a + b, 18/5, i++
赋值表达式	a = 10, a += 3
关系表达式	a > 10, 2==3

最简单的语句是在表达式后面加上一个分号。语句是组成 C 语言程序的基本结构，为了使代码清晰明了，一行一般只有一个语句。

注意　在编写 C 语言程序时，每个语句编写完后，不要忘记加上一个分号。

 任务实现

本任务中的电路由一个电源和三个电阻组成，根据所学的变量、运算符、表达式等知识，完成计算电路电流的程序。电路结构图如图 2-13 所示。

本书介绍数学相关概念时，关于正斜体的使用遵循量和单位的出版标准；介绍程序代码相关内容时，统一使用正体。此类情况后续不再说明。

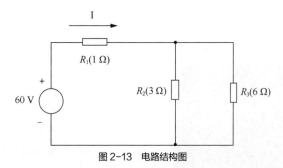

图 2-13　电路结构图

为求出电流 I，需要先计算电路的总电阻 R。由图 2-13 可知，电路的总电阻 R 是 R_2 和 R_3 并联后再与 R_1 串联而成的。由串并联电阻计算的知识得到总电阻 R 的计算表达式为

$$R = R_1 + (R_2 * R_3) / (R_2 + R_3) \quad (\Omega)$$　　　　　　（式 2-1）

注意，式中用"*"代表乘法运算符号，用"/"代表除法运算符号。根据欧姆定律，得到电流 I 的计算表达式为

$$I = 60 / R \quad (A)$$　　　　　　（式 2-2）

电流计算的程序如下。

```
1    #include <stdio.h>                      //程序的预处理命令
2    int main()
3    {
4      int R1 = 1;
5      int R2 = 3, R3 = 6;
6      int R, I;                             //定义电阻变量 R，电流变量 I
7      R = R1 + (R2 * R3) / (R2 + R3);       //计算总电阻
8      I = 60 / R;                           //根据电压和电阻计算电流
9      printf("R = %d, I = %d", R, I);       //输出电阻和电流计算结果
10   }
```

程序的第 4 行定义了值为 1 的电阻 R1；第 5 行分别定义了值为 3 和 6 的电阻 R2 和 R3；第 6 行对于要使用的变量 R、I，必须先进行定义，这里 int 表示定义为整型变量，其中 R 表示待求的总电阻，I 表示待求的总电流；第 7 行"="的右边是一个算术表达式，程序执行时先将算术表达式的具体数值计算出来，再由赋值运算符传送给左边的变量 R；第 8 行同样是先计算出"="右边的算术表达式的具体数值，再传送给左边的变量 I；第 9 行将电阻和电流的计算结果输出到控制台，程序的运行结果为 R = 3，I = 20。电流计算的程序运行结果如图 2-14 所示。

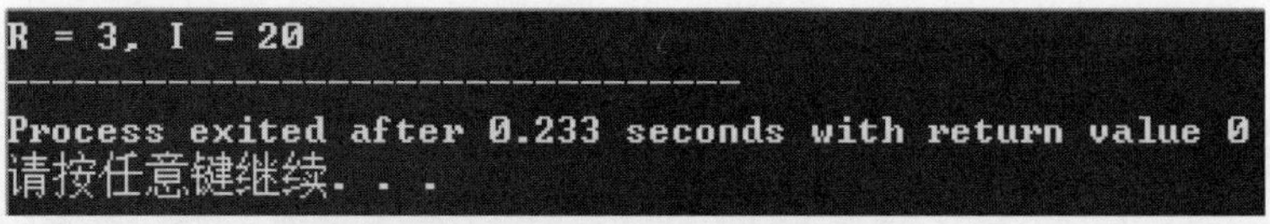

R = 3, I = 20

Process exited after 0.233 seconds with return value 0
请按任意键继续. . .

图 2-14　电流计算的程序运行结果

拓展任务　俄罗斯方块之定位

针对贯穿本书的综合案例——俄罗斯方块，运用本单元相关知识可实现俄罗斯方块的定位。

俄罗斯方块运行界面如图 2-15（a）所示。其中，左侧空间是游戏操作区域，各种形状的物体在该区域进行移动、变形和消除操作。为了体现物体的移动操作，现对游戏操作区域进行网格划分，划分结果如图 2-15（b）所示。

在区域网格中，左上角方块的 x 坐标和 y 坐标为(0,0)，x 轴向右为正、y 轴向下为正，通过代码实现位置 A 的定位操作。

Next Block :
Left Shift
Right Shift
Accelerate
Rotate
space
Suspend
Exit
Esc
Restart
Highest Record
Current Score
O
x
(0,0)
(1,0)
(0,1)
A
y

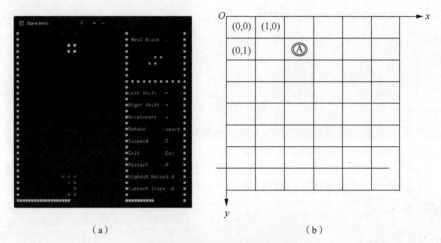

（a）　　　　（b）

图 2-15　俄罗斯方块位置映射示意图

俄罗斯方块之位置输出的程序如下。

```
1  #include <stdio.h>            //程序的预处理命令
2  int main()
3  {
4      COORD pos;                 //定义光标位置的结构体变量
5      pos.x = 2;                 //横坐标设置
6      pos.y = 1;                 //纵坐标设置
7      HANDLE handle = GetStdHandle(STD_OUTPUT_HANDLE); //获取控制台句柄
8      SetConsoleCursorPosition(handle, pos); //设置光标位置
9  }
```

程序的第 4 行定义了位置的结构体变量（结构体相关知识将在后续单元中详细介绍），用于存储位置的 x 坐标和 y 坐标；第 5 行和第 6 行分别定义了位置 A 的横坐标 x 和纵坐标 y；第 7 行代码中的 GetStdHandle()是一个 Windows API 函数，用于获取当前控制台的句柄（用来标识不同设备的数值）；第 8 行以句柄和位置为参数定位位置 A。

课后习题

一、选择题

1.（ ）不是 C 语言合法的数据类型关键字。

    A．float   B．char   C．void   D．integer

2．以下选项中，不合法的标识符是（ ）。

    A．you   B．main   C．file   D．score.c

3．C 语言标识符只能由字母、数字和下画线 3 种字符组成，且第一个字符（ ）。

    A．必须是下画线

    B．必须是字母或下画线

    C．必须是数字

    D．可以是字母、数字或下画线中的任何一个字符

4．已知 m 的值为 24，执行 m −= 6 后，m 的值为（ ）。

    A．24   B．30   C．18   D．−6

二、编写程序

编写一个 C 语言程序，计算图 2-16 所示的电路图中 R_1 的电流值。其中，R_1=12.5 Ω，R_2=6 Ω，R_3=5 Ω，R_4=7 Ω，电压 U=33 V。程序要求将变量的类型定义为单精度浮点型。

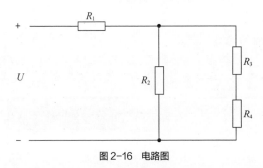

图 2-16　电路图

单元3
字符型数据

03

知识目标
1. 会使用字符型标识符char建立字符型数据和整型数据之间的联系。
2. 会使用字符常量、字符变量、字符串常量和转义字符。
3. 掌握不同类型数据间的转换与运算。

能力目标
1. 能够熟练掌握编程工具的使用方法。
2. 能够独立完成代码调试工作。
3. 能够通过编程完成简单的字符处理任务。

素质目标
1. 激发持续学习的热情。
2. 培养解决复杂问题的能力。

单元任务组成
本单元主要学习字符常量、字符变量、数据类型转换等内容，任务组成情况如图3-1所示。

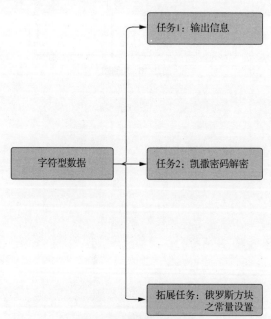

图 3-1 单元 3 任务组成情况

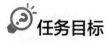 **任务 1** 输出信息

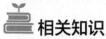 **任务目标**

运用 C 语言字符型数据相关知识，分别输出"中国"的中文和英文信息。

相关知识

知识点 1：字符常量

字符常量亦被称为字符常数。C 语言中的字符常量是一对单引号内的一个字符。例如，'x'、'B'、'b'、'$'、'?'、' '（表示空格字符）、'3'都是字符常量，其中'B'和'b'是不同的字符常量。

字符型数据在计算机中存储的是字符的 ASCII 值，一个字符的存储占用一个字节。因为美国信息交换标准代码（American Standard Code for Information Interchange，ASCII）在形式上就是 0～255 的整数，因此 C 语言中字符型数据和整型数据可以通用。

此外，通过 ASCII 可以总结出：对于同一个字母，大写与小写之间的差值是 32（例如，A 对应的 ASCII 值为 65，a 对应的 ASCII 值为 97），且小写字母的 ASCII 值更大。字符常量的使用如应用举例 3-1 所示。

应用举例 3-1：字符常量的使用

```
1    #include <stdio.h>          //程序的预处理命令
2    int main()                  //程序的主函数
3    {
4        //以不同形式输出字符a
5        printf("%c \n", 'a');    //a
6        printf("%d \n", 'a');    //97
7
8        //以不同形式输出字符b
9        printf("%c \n", 98);     //b
10       printf("%d \n", 98);     //98
11   }
```

程序的第 5 行以字符的形式输出字符 a，其结果为 a，其中%c 表示以字符形式输出；第 6 行以整数的形式输出字符 a，其结果为 97，其中%d 表示以整数形式输出。其结果为 97 是因为字符 a 对应的 ASCII 值为 97，这也说明了字符和数值类型数据之间的通用性。

程序的第 9 行以字符的形式输出数值 98，其结果为 b，这是因为 ASCII 值为 98 时，对应的字符为 b，其中%c 表示以字符形式输出；第 10 行以整数形式输出数值 98，其结果为 98。应用举例 3-1 运行结果如图 3-2 所示。

图 3-2　应用举例 3-1 运行结果

知识点 2：字符串常量

字符串常量是用一对双引号引起来的字符序列。这里的双引号仅起到字符串常量的边界符的作

用，它并不是字符串常量的一部分。例如，下面的字符串都是合法的字符串常量。

```
"I am a student. ",  "ABC",  " ",  "a"
```

> **注意** 不要把字符串常量和字符常量混淆，如"a"和'a'是不同的数据，前者是字符串常量，后者是字符常量。字符常量与字符串常量的区别表现在以下两个方面。
> ① 形式不同：字符常量是用单引号引起来的单个字符，而字符串常量是用双引号引起来的一串字符。
> ② 存储方式不同：字符常量在内存中占一个字节，而字符串常量除了每个字符各占一个字节外，其字符串结束符也要占一个字节。例如，字符常量'a'占一个字节，而字符串常量"a"占两个字节。

字符串的使用如应用举例 3-2 所示。

应用举例 3-2：字符串的使用

```
1  #include <stdio.h>            //程序的预处理命令
2  int main()                    //程序的主函数
3  {
4      printf("hello China");    //运行结果: hello China
5      printf("你好，中国");      //运行结果: 你好，中国
6  }
```

程序的第 4 行和第 5 行输出内容分别为"hello China"和"你好，中国"。可见，字符串是以"整体"的方式输出，而不是以单个字符的方式输出的。应用举例 3-2 运行结果如图 3-3 所示。

图 3-3　应用举例 3-2 运行结果

知识点 3: 转义字符

对于常用但难以用一般形式表示的不可显示字符，C 语言提供了一种特殊的字符常量，即用一个转义标识符"\"开头，后接需要的转义字符来表示。常用转义字符序列的字符常量如表 3-1 所示。

表 3-1　常用转义字符序列的字符常量

字符形式	功能	ASCII 值
\n	换行	10
\b	退格	8
\"	双引号	34
\\	反斜杠	92
\a	响铃	7
\r	回车	13
\t	水平跳格	9
\f	换页	12

续表

字符形式	功能	ASCII 值
\'	单引号	39
\0	空字符	0
\ddd	三位八进制数 ddd 所代表的字符	
\xhh	二位十六进制数 hh 所代表的字符	

转义字符的意思是对转义标识符"\"后的字符原来的含义进行转换，变成某种另外特殊约定的含义。例如，转义字符"\n"中的 n 已不代表字符常量"n"，因为 n 前面是转义标识符"\"，所以将 n 转义为换行。转义字符的使用如应用举例 3-3 所示。

应用举例 3-3：转义字符的使用

```
1    #include <stdio.h>          //程序的预处理命令
2    int main()                  //程序的主函数
3    {
4        printf("%d %d \n", 3, 4);
5        printf("%d \t %d \n", 3, 4);
6        printf("%d \n%d", 3, 4);
7    }
```

程序的第 4 行 printf("%d %d \n", 3, 4)以默认方式输出整型变量 3 和 4，两个数字之间用一个空格分隔，其中，"\n"表示换行符，因此，程序第 5 行换行显示；第 5 行 printf("%d \t %d \n", 3, 4)语句中两个变量之间用"\t"制表符进行间隔，因此两个变量之间存在一个制表符的空隙；而第 6 行 printf("%d \n%d", 3, 4)语句中两个变量之间用"\n"进行分隔，因此，最后一次运行结果为两个变量各占一行。应用举例 3-3 运行结果如图 3-4 所示。

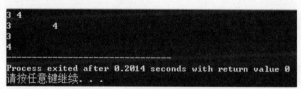

图 3-4　应用举例 3-3 运行结果

使用转义字符可以表示任何可显示或不可显示的字符。在实际应用中，转义字符的使用频率很高。

知识点 4：字符编码

字符编码也称为字集码，是指将字符集中的字符转换为指定集合中的某一对象，以便文本能在计算机中存储和通过通信网络传递。通常字符编码决定了文本在计算机中的存储和解析方式，只有解析的编码与存储的编码保持一致时，解析结果才能正确显示，否则会出现乱码。

程序开发过程中常见的编码方式包括 ASCII、GB2312 编码、GBK 编码、Unicode、UTF-8 等。

（1）ASCII

ASCII 是一种使用 7 个或 8 个二进制位进行编码的方案，最多可以给 256 个字符（包括字母、数字、标点符号、控制字符及其他符号）分配（或指定）数值，ASCII 表见本书附录 I。ASCII 表示内容有限，无法表示中文信息。

（2）GB2312 编码

为了满足在计算机中使用汉字的需要，我国颁布了一系列汉字字符集国家标准编码。其中最有影响力的是于 1980 年颁布的《信息交换用汉字编码字符集 基本集》，即 GB/T 2312—1980。其使用非常普遍，也被称为国标码。几乎所有的中文系统和国际化软件都支持 GB2312。

（3）GBK 编码

GBK 是 GB/T 2312—1980 的扩展，共收录汉字 21003 个、符号 883 个，并提供 1894 个造字码位，简、繁体字融于一库，可以正确处理人名、古汉语等方面出现的罕用字。

（4）Unicode

在 Unicode 出现前，同一个编码值在不同的编码体系里代表着不同的字，这就导致要打开一个文本文件，不但要知道它的编码方式，还要安装对应的编码表，否则可能无法读取文件或出现乱码。

Unicode 将世界上所有的符号都纳入其中，无论是英文、日文还是中文等，都可以使用这个编码表，每个符号对应唯一的编码。尽管 Unicode 统一了编码方式，但是它的效率不高，如 UCS-4（Unicode 的标准之一）规定用 4 个字节存储一个符号，那么每个英文字母前都必然有 3 个字节是 0，这造成存储和传输都很耗资源。

（5）UTF-8

UTF-8 是 Unicode 的一种实现方式，提升了编码的效率。UTF-8 可以根据不同的符号自动选择编码的长短。例如，一个英文字母可以只用 1 个字节进行存储，而一个汉字需要用 3 个字节来存储。目前，UTF-8 编码已成为首选的编码方式，如果没有特殊需求，则默认使用 UTF-8。

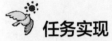 任务实现

```
1    #include <stdio.h>                          //程序的预处理命令
2    int main()
3    {
4        //以不同方式输出"中国"的英文表达 China
5        printf("%c%c%c%c%c \n", 'C', 'h', 'i', 'n', 'a');    //以字符的形式输出
6        printf("%d %d %d %d %d \n", 'C', 'h', 'i', 'n', 'a'); //以整数的形式输出
7
8        //以不同形式输出"中国"的中文表达
9        printf("%s \n", "中国");                //以字符串的形式输出
10       printf("%d %d \n", "中", "国");        //以整数的形式输出
11   }
```

程序以不同形式输出"中国"的信息。程序的第 5 行以字符形式输出 China；第 6 行以整数形式输出 China，两行输出的结果不同，说明字符和数值之间可以通用；第 9 行采用 "%s" 以字符串形式输出"中国"；第 10 行以整数形式输出"中国"。程序运行结果如图 3-5 所示。

图 3-5　程序运行结果

任务 2　凯撒密码解密

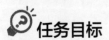 任务目标

运用 C 语言字符变量、类型转换和混合运算等知识完成凯撒密码解密算法的程序编写。

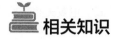 **相关知识**

知识点 1：字符变量

在 C 语言中，字符变量的定义形式如下。

```
char  变量名 1,变量名 2,…,变量名 n;
```

定义字符变量的目的是存放字符常量。在赋值时应该注意，一个字符变量只能存放一个字符常量。实际上，将一个字符常量放到字符变量中，并不是把字符本身放到字符变量中，而是将字符常量的 ASCII 值放到字符变量中。例如，"y"的 ASCII 值是十进制的 121，在计算机中对应的二进制数是 0111 1001。当把"y"赋予字符变量 c1 后，c1 的内容也变为 0111 1001。字符变量的使用如应用举例 3-4 所示。

应用举例 3-4：字符变量的使用

```
1    #include <stdio.h>              //程序的预处理命令
2    int main()                      //程序的主函数
3    {
4        char ch = 'a';              //设置字符变量值为 a
5        printf("ch = %c \n", ch);   //ch = a
6        ch = 'b';                   //修改变量的值为 b
7        printf("ch = %c \n", ch);   //ch = b
8    }
```

程序的第 4 行定义了值为'a'的字符变量 ch；第 5 行输出变量 ch 的值，结果为 ch = a；第 6 行修改变量 ch 的值为'b'；第 7 行输出变量 ch 修改后的值，结果为 ch = b。应用举例 3-4 运行结果如图 3-6 所示。

图 3-6　应用举例 3-4 运行结果

C 语言没有专门的字符串变量，如果需要处理字符串，则一般用字符数组来实现。关于字符数组及其他字符数据处理问题会在本书单元 7 中做详细介绍。

知识点 2：类型转换

C 语言的运算只能在相同类型的数据之间进行，如果两种不同类型的数据进行运算，则编译器必须将其中一个操作数的类型转换为与另一个操作数匹配的类型，这个转换过程称为类型转换。类型转换分为自动类型转换和强制类型转换两种。

（1）自动类型转换

自动类型转换就是编译器默默地、隐式地进行的数据类型转换，这种转换不需要程序员干预，会自动发生。自动类型转换遵循以下原则。

① 将一种类型的数据赋予另一种类型的变量时，会发生自动类型转换。

② 在不同类型的混合运算中，编译器也会自动地转换数据类型，将参与运算的所有数据先转换为同一种类型，再进行计算，转换原则如下。

◇　精度不降低的原则：转换按数据长度增加的方向进行。例如，当 int 型和 long 型数据进行运算时，应先将 int 型转换为 long 型，再进行运算。

✧ 所有实数运算都是以双精度进行的，即使是对仅包含单精度运算的表达式，也要先将数据转换为 double 型，再做运算。

✧ 字符型 char 和短整型 short 数据参与运算时，必须先将其转换为 int 型数据。

自动类型转换遵循精度从低到高原则，各种数据类型的精度高低顺序如图 3-7 所示。

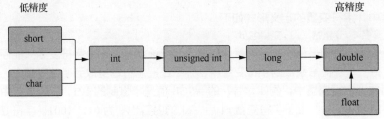

图 3-7　各种数据类型的精度高低顺序

自动类型转换的使用如应用举例 3-5 所示。

应用举例 3-5：自动类型转换的使用

```
1    #include <stdio.h>              //程序的预处理命令
2    int main()                      //程序的主函数
3    {
4        int x = 6.87;
5        printf("x = %d \n", x);  //x = 6
6
7        float y = 5;
8        printf("x = %f \n", y);  //y = 5.000000
9
10       float z = x + y;
11       printf("z = %f \n", z);  //z = 11.000000
12   }
```

程序的第 4 行将一个浮点型数据 6.87 赋予一个整型变量 x，由于类型不同，首先将 6.87 转换为整型数据 6，再将 6 赋予变量 x，x 的最终结果为 6；第 7 行将一个整型数据赋值给单精度变量 y，先将 5 转换为单精度型数据 5.000000（这是由于单精度型数据的有效位数为 7），再将 5.000000 赋予变量 y，最终结果为 5.000000；第 10 行将两个不同类型的变量相加，按照图 3-7 所示的转换顺序，先将整型变量 x 转换为单精度型数据，再进行加法运算，最终的运行结果为 float 型数值 11.000000。应用举例 3-5 运行结果如图 3-8 所示。

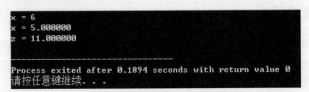

图 3-8　应用举例 3-5 运行结果

从上述自动类型转换结果可以看出，在赋值运算中，赋值运算符两边的数据类型不同时，需要把右边表达式的类型转换为左边变量的类型，这可能会导致数据失真或者精度降低。所以，自动类型转换并不一定是安全的。对于不安全的类型转换，编译器一般会给出警告。

（2）强制类型转换

强制类型转换是通过类型转换运算来实现的，其语法如下。

（类型标识符）（表达式）

强制类型转换的使用如应用举例 3-6 所示。

应用举例 3-6：强制类型转换的使用

```
1    #include <stdio.h>              //程序的预处理命令
2    int main()                      //程序的主函数
3    {
4        int x = 10;
5        float y = x / 3;
6        printf("y = %f \n", y);  //y = 3.000000
7
8        float z = (float)x / 3;
9        printf("z = %f \n", z);  //z = 3.333333
10   }
```

程序的第 4 行定义了值为 10 的整型变量 x；第 5 行计算 x/3，其结果为 3.000000（x 是整型变量，因此 10/3 的结果为 3），依据自动类型转换原则，再将 3 转换为 3.000000 赋予单精度浮点型变量 y，因此，y 的值为 3.000000。程序的第 8 行先通过(float)x 强制类型转换得到 10.00000，再计算 10.00000/3，得到 3.333333，最后将结果赋予变量 z，因此，z 的最终结果为 3.333333。应用举例 3-6 运行结果如图 3-9 所示。

图 3-9　应用举例 3-6 运行结果

强制类型转换注意事项如下。

① 强制类型转换的表达式一定要用括号括起来。例如，(int) x+y 只对 x 进行类型转换，(int)(x+y) 才能对整个(x+y)的结果进行类型转换。

② 强制类型转换产生的数值只是临时存储起来供计算使用，计算结束后临时的数值会被丢弃。强制类型转换并不改变原来变量所定义的类型，也不改变存储器中变量的值。

③ 强制类型转换时，要注意高精度类型数据转换为低精度类型数据时，可能会造成数据精度的损失。

知识点 3：混合运算

混合运算主要解决的是不同类型数据之间的计算问题。在本任务知识点 2 中已经介绍了不同类型数据计算时的转换原则，这里不再说明。对于混合运算，需要掌握以下几点规律。

（1）整型变量之间进行运算

若运算符两边类型数据精度均低于 int 或等于 int，那么结果为 int。若有精度高于 int 的数据，那么结果为等级最高的类型。整型变量之间的运算规则如图 3-10 所示。

（2）整型与浮点型变量之间进行运算

其结果为运算符两边数据精度等级最高的类型。整型与浮点型变量之间的运算规则如图 3-11 所示。

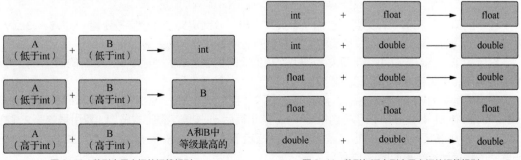

图 3-10　整型变量之间的运算规则　　　　图 3-11　整型与浮点型变量之间的运算规则

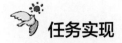
任务实现

凯撒密码是一种替代密码，通过将字母按顺序推后 3 位起到加密作用，如将字母 A 换作字母 D，将字母 B 换作字母 E。这里将需要传送的信息以明文（大写字母）表示，加密后实际送出去的信息则以密文（小写字母）表示，其对照规律如表 3-2 所示。

表 3-2　凯撒密码对照规律

明文	A	B	C	D	E	F	G	H	I	J	K	L	M
密文	d	e	f	g	h	i	j	k	l	m	n	o	p
明文	N	O	P	Q	R	S	T	U	V	W	X	Y	Z
密文	q	r	s	t	u	v	w	x	y	z	a	b	c

例如，传出去的密文是"wuhdwb lpsrvvleoh"，字面上完全看不出是什么意思，但如将密文中的字母一一对应地用明文表示，就成为 TREATY IMPOSSIBLE，中文意思是"条约不可能"，这样短短几个字表达的信息在古罗马战场上就非常重要了。

依据凯撒密码的解密原则，现将"PM TWO PARK"（下午 2 点在公园）翻译为密文，并以 ASCII 值传送。

分析：以接头信息为明文，要找到对应的密文字母，先根据表 3-2 将明文的字母推后 3 位，就找到了对应的密文大写字母；根据 ASCII 表中大写字母和小写字母的关系，再加上 32，就找到了对应密文的小写字母。由计算机输出对应的小写字母，就得到需要传送的信息的编码。

```
1    #include <stdio.h>           //程序的预处理命令
2    int main()
3    {
4        char c1 = 'P', c2 = 'M', c3 = 'T', c4 = 'W';
5        char c5 = 'O', c6 = 'P', c7 = 'A', c8 = 'R', c9 = 'K';
6        //加 3 找到密文大写字母，加 32 找到密文小写字母，并以 35 作为常数 k
7        int k = 3 + 32;      printf("\n\t");
8        //分别显示明文、密文字母和密文的 ASCII 值
9        printf("%c %c %d\n", c1, c1 + k, c1 + k);
10       printf("%c %c %d\n", c2, c2 + k, c2 + k);
11       printf("%c %c %d\n", c3, c3 + k, c3 + k);
12       printf("%c %c %d\n", c4, c4 + k, c4 + k);
13       printf("%c %c %d\n", c5, c5 + k, c5 + k);
14       printf("%c %c %d\n", c6, c6 + k, c6 + k);
15       printf("%c %c %d\n", c7, c7 + k, c7 + k);
16       printf("%c %c %d\n", c8, c8 + k, c8 + k);
17       printf("%c %c %d\n", c9, c9 + k, c9 + k);
18   }
```

程序的第 4 行和第 5 行为要传送的 9 个英文字母，分别定义了 9 个字符变量 c1、c2、c3...c9，并在定义的同时，将这 9 个英文字母的字符常量的值赋予 9 个字符变量。

程序的第 7 行在定义小写字母 k 为整型变量的同时把表达式的值赋予 k，使 k 的值正好是将明文大写字母转换为密文小写字母的常数。

程序的第 9~17 行分别输出每个字母对应的明文、密文和密文的 ASCII 值，以第 9 行 printf("%c %c %d\n ",c1,c1+k,c1+k)为例，双引号内第 1 个%c 指定其后 c1 按照字符形式输出，双引号内第 2 个%c 指定其后 c1+k 按照字符形式输出，双引号内%d 指定下一个 c1+k 按照十进制整数形式输出。凯撒密码解密的程序运行结果如图 3-12 所示。

```
P s 115
M p 112
T w 119
W z 122
O r 114
P s 115
A d 100
R u 117
K n 110

--------------------------------
Process exited after 0.1924 seconds with return value 0
请按任意键继续. . .
```

图 3-12　凯撒密码解密的程序运行结果

拓展任务　俄罗斯方块之常量设置

针对贯穿本书的综合案例——俄罗斯方块综合案例，运用本单元相关知识实现俄罗斯方块的常量设置。

俄罗斯方块游戏中有许多固定的值，例如方向键、游戏区的尺寸等，在 C 语言开发中通常将其设置为固定值，在后续程序代码中通过常量引用数据，使程序具有较好的可维护性。

常量设置代码如下。

```
#include <stdio.h>                    //程序的预处理命令
#define RIGHT 77                      //方向键：右
#define LEFT 75                       //方向键：左
#define DOWN 80                       //方向键：下
#define BLOCK_ROW_LEN 7               //方块行数
#define BLOCK_COL_LEN 4               //方块列数
#define ROW 29                        //游戏区行数
#define COL 20                        //游戏区列数
#define TIME_LEN_SECOND  1200         //允许用户反应时间
#define FALL_VELOCITY 12000           //方块下落速度
```

课后习题

一、选择题

1. 算术表达式 10 + 7 +'7'的值为（　　）。

A. 24　　B. 36　　C. 72　　D. 104

2. 若有语句 char a='\107'，则变量 a（　　）。

A. 不合法　　B. 包含 3 个字符　　C. 包含 2 个字符　　D. 包含 1 个字符

3. 12 +'5'+ 27 的运行结果是（　　）型数据。

A. float　　B. double　　C. char　　D. int

4. 语句 int m=2; n =(m++)+(m++)执行后 n 的值为（　　）。

A. 4　　B. 5　　C. 6　　D. 7

5.（　　）是非法的转义字符。

A. '\b'　　B. '\xf'　　C. '\\'　　D. '037'

二、编写程序

1. 将用户输入的小写字母转换为大写字母。

2. 编写程序，实现对键盘接收字符的加密与解密运算，加密规则为用输入字符的后一个字符替换（例如，输入 a 时，输出 b）。

单元4
顺序结构程序设计

04

知识目标
1. 了解C语言中语句的分类。
2. 掌握C语言中输入/输出函数的使用。
3. 掌握输入/输出函数中格式符与数据类型的对应关系。

能力目标
1. 能够理解C语言程序中顺序执行的概念。
2. 具有输出函数和输入函数的使用能力。
3. 具有顺序结构程序编写、调试、运行的能力。

素质目标
1. 培养辩证思维。
2. 提高团队协作能力。

单元任务组成
在顺序结构中，各语句是按自上而下的顺序执行的，执行完上一个语句就自动执行下一个语句，不需要进行任何判断，这就是最简单的程序结构。本单元主要学习C语言中构成顺序结构程序的语句、输出函数、输入函数的使用等内容，任务组成情况如图4-1所示。

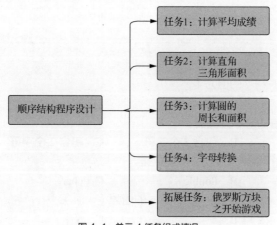

图4-1 单元4任务组成情况

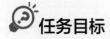 **任务1** 计算平均成绩

任务目标

运用 C 语言变量、常量相关知识，计算学生某门课程的平均成绩。

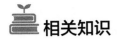 **相关知识**

知识点 1：C 语言程序中的语句

　　一个 C 语言程序是由一个或多个函数组成的，有且仅有一个主函数，程序的执行都是从主函数开始的，主函数也称为入口函数。每一个函数包括函数说明和函数体两个部分。函数说明指明了函数的属性、类型、函数名和函数的参数等；函数体是用"{}"括起来的，用于具体地完成函数功能，包括数据结构说明和具体的执行语句。

　　C 语言语句是 C 语言源程序的重要组成部分，是用来向计算机系统发出操作的指令。按照 C 语言语句的作用进行分类，其可分为控制语句、表达式语句、函数式语句、空语句和复合语句。

　　（1）控制语句

　　控制语句主要用于控制程序的执行流程，主要有以下几种。

　　① 选择语句：主要包括 if-else 和 switch 语句。

　　② 循环语句：主要包括 while、do-while 和 for 语句。

　　③ 辅助控制语句：主要包括 break、continue、return 和 goto 语句。

　　（2）表达式语句

　　表达式语句由任意合法的 C 语言的表达式加分号构成，是程序中主要的语句形式。例如，x=5 是赋值表达式，而 x=5;是赋值语句。又如，a=10,b=20 是逗号表达式，而 a=10,b=20;是逗号表达式语句。

　　（3）函数式语句

　　函数式语句是由函数的一次使用加分号构成的。函数可以是 C 语言的标准库函数，也可以是用户的自定义函数。例如，printf("请输入一个学生的成绩：");。

　　（4）空语句

　　只有一个分号的语句称为一个空语句。空语句是合法的，但是执行时不产生任何结果。

　　（5）复合语句

　　一般情况下，简单语句指的是一个语句，复合语句则是由两个或两个以上的语句组成的语句组，由一对"{}"将这组语句组合在一起，也可称为语句块。如果在复合语句中定义了变量，则该变量只能在定义它的复合语句块中使用，即在语句块外不能使用该变量。

知识点 2：C 语言程序中的 3 种基本结构

　　C 语言是一种面向过程的结构化程序设计语言。在程序中使用最多的是由 C 语言语句组成的 3 种基本结构：顺序结构、选择结构和循环结构。

　　（1）顺序结构

　　顺序结构是按语句在程序中出现的先后顺序依次执行每一个语句。顺序结构如图 4-2 所示。

　　（2）选择结构

　　选择结构也称为分支结构，它会根据给定的条件是否成立而决定要执行的语句。选择结构有 if 结构和 switch 语句 2 种。选择结构如图 4-3 所示。

　　（3）循环结构

　　循环结构是当条件成立时重复执行一组语句。循环结构有 while 语句、do-while 语句和 for 语句 3 种。循环结构如图 4-4 所示。

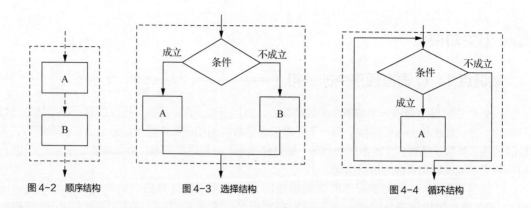

图 4-2　顺序结构　　　　　图 4-3　选择结构　　　　　图 4-4　循环结构

> **说明**　图 4-2~图 4-4 中的 A 或 B 可以是一个语句，也可以代表一个结构或复合语句。

> **思考**　① C 语言中语句的结束符是什么？
> ② 试说明顺序、选择、循环结构中的 A 或 B 的执行次数。

 任务实现

如果没有说明具体的学生总数，则需要一直输入学生的成绩并进行人数统计，以便在计算平均成绩时使用。成绩不可能没完没了地一直输入下去，那什么时候才能结束输入并求出最后的平均成绩呢？成绩范围为 0~100（分），如果输入的是合法的成绩，则进行累加和人数统计，如果输入的成绩小于 0 或者大于 100，则意味着所有成绩录入完毕，应该计算平均成绩并运行结果了。

```
1   #include <stdio.h>
2   int main() {
3       int score,sum=0,n=0;   //sum用于存放总成绩，n用于统计参加求平均成绩的总人数
4       float aver;                        //平均成绩
5       while(1)                           //条件永远为真，无限循环
6       {
7           printf("请输入一个学生的成绩: ");
8           scanf("%d",&score);            //输入学生的成绩
9           if(score<0 || score>100)break; //当输入的成绩无效时，结束循环
10          n++;                           //学生人数累加
11          sum=sum+score;                 //计算总成绩
12      }
13      aver=1.0*sum/n;                    //求平均成绩
14  printf("学生人数为: %d  平均成绩为: %.1f\n",n,aver); //输出学生总人数及平均成绩
15  return 0;
16  }
```

程序的第 3、4 行说明了程序中需要使用的变量，并为总成绩的变量 sum 赋初值 0，统计学生人数的变量 n 赋初值为 0。这种语句称为一般的顺序结构语句，在编程时经常会用到。程序的第 5 行的 "while" 是表示循环结构的关键字，当需要重复执行一些操作时采用该程序结构。程序的第 6~12 行的语句用 "{}" 括起来，称为复合语句，是当 while 循环条件成立时需要重复执行的语句组，其中，第 8 行的 scanf() 在执行时，需要用户临时输入学生的成绩存放于变量 score 在内存中的

地址；第 9 行的 if 语句也称为选择语句或分支语句，会根据不同的条件选择不同的分支执行，当输入的成绩无效(score<0 ‖ score>100)，也就是成绩小于 0 或者大于 100 时，就结束循环，表示应该参加求平均成绩的学生已经处理完毕，条件中的"‖"是一个逻辑运算符，表示"或者"的意思，这个运算符将在单元 5 中学习，结束 while 循环采用了"break"这个关键字实现，break 在这里的中文意思是中断，在 C 语言中可以用在单元 5 的 switch 语句和单元 6 的循环结构中；第 10 行进行学生人数的统计；第 11 行计算总成绩。程序的第 13 行计算平均成绩。程序的第 14 行输出学生总数以及平均成绩。

假设输入的成绩数据依次为 80、75、90、60、-1，计算平均成绩的程序运行结果如图 4-5 所示。

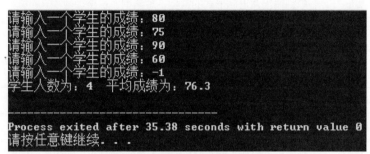

图 4-5　计算平均成绩的程序运行结果

任务 2　计算直角三角形面积

任务目标

根据一个直角三角形的两条直角边的边长，计算该直角三角形的面积。

相关知识

知识点 1：printf()函数的使用格式

printf()函数的一般格式如下。

```
printf(格式控制字符串,输出列表);
```

功能：将输出列表中的数据按指定的对应格式输出到输出设备上。例如：

```
printf("x=%d,y=%f,z=%10.2f\n",5,y,y/2);
```

其中，格式控制字符串是用双引号引起来的字符串，通常包含两部分：一部分是由"%"和格式符组成的格式转换说明符，如%d、%f 等，其作用是将输出的数据转换为指定的格式输出，这一部分是必需的；另一部分是普通字符，即在执行 printf()时原样输出的字符，如上面 printf()中的"x="、"y="、"z="，这一部分不是必需的，它只起到提示的作用，用于说明后面输出的数据是什么值。

输出列表是要输出的数据列表，可以是常量、变量或表达式等。如果有多个输出项，则各输出项之间用逗号隔开。在一个 printf()函数中，输出列表是可选项。如果没有输出列表，则 printf()函数主要用于输出普通字符串，在这种情况下，格式控制字符串中不要出现类似"%d"的数据格式说明，仅仅输出普通字符。

知识点 2：printf()函数的格式转换说明符

在 C 语言中，对于常用的标准数据类型，在使用 printf()函数输出时都有各自对应的输出格式符进行输出，printf()函数的格式转换说明符如表 4-1 所示。

表 4-1 printf()函数的格式转换说明符

格式转换说明符	说明
%d 或%i、%hd、%ld	分别按 int 型、short 型、long 型输出十进制有符号整型数
%o、%ho、%lo	分别输出八进制形式的整型、短整型、长整型数
%x 或%X、%hx 或%hX、%lx 或%lX	分别输出十六进制形式的整型、短整型、长整型数，x 对应 a～f，X 对应 A～F
%u、%lu	分别输出无符号十进制形式的整型、长整型数
%f 或%lf	以小数形式输出实数
%e 或%E	以指数形式输出实数
%g 或%G	系统自动选用 f 或 e 格式中输出宽度较短的一种格式，不输出无意义的 0
%c	输出一个字符
%s	输出一个字符串

表 4-1 中的格式转换说明符可以实现对输出格式的控制，用于规定输出列表中对应常量、变量或表达式的输出格式。例如：

```
long a=10;
double b=123.5;
char ch='A';
printf("a=%ld  b=%f  ch=%c\n",a,b,ch);
//变量 a 为长整型，采用%ld 格式显示；b 为实型，采用%f 格式显示；ch 为字符，采用%c 格式显示
```

知识点 3：printf()函数的格式控制字符串的使用方法

在使用 printf()函数进行输出时，除了表 4-1 中的格式转换说明符外，为了使输出的数据排列美观，常常在格式转换说明符的中间加入附加格式修饰符。printf()函数常用格式修饰符如表 4-2 所示。

表 4-2 printf()函数常用格式修饰符

格式修饰符	说明
m.n	m 用于控制输出数据显示在屏幕上的总宽度（英文字符的宽度）
	对于实数，n 表示保留的小数位数；对于字符串，n 表示截取的字符个数
–（负号）	省略负号时，输出的数据在输出宽度内右对齐；加上负号时，输出的数据在输出宽度内左对齐

下面简单说明常用格式符的使用方法。

（1）d 格式符

d 格式符主要用于输出十进制整型数据，通常有以下几种使用情形。

① %d：按整型数据的实际长度输出。

② %md 或%-md：为输出的整型数据给定 m 个英文字符的宽度。如果数据的位数小于 m，则数据靠右对齐，左端补空格，如果是%-md，则数据靠左对齐，右端补空格；否则按数据的实际长度输出。如果数据前要补 0，则可使用%0md。

③ %ld 或%mld：输出长整型数据。

输出十进制整型数据的 d 格式符示例如下。

```c
#include <stdio.h>
int main() {
    int a=12;
    long b=12345;
    printf("a=%d  a=%5d  a=%-5d  a=%05d\n",a,a,a,a);
    printf("b=%ld  b=%2ld  b=%8ld\n",b,b,b);
    //当输出格式为"%2ld"时，b 的值所占的宽度为 5，大于格式中规定的 2，按实际宽度 5 输出
    return 0;
}
```

输出十进制整型数据的 d 格式符的程序运行结果如图 4-6 所示。

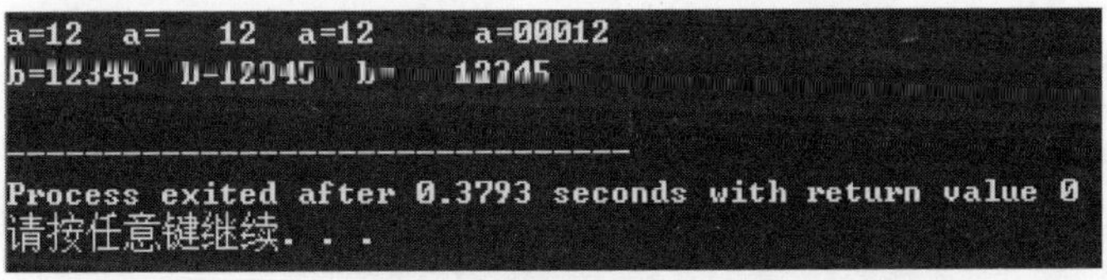

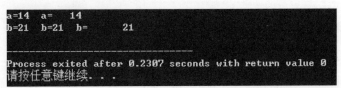

图 4-6　输出十进制整型数据的 d 格式符的程序运行结果

（2）o 格式符

o 格式符主要用于输出无符号八进制整型数据。

① %o 或%mo：按 int 型实际数据输出或者指定输出宽度。

② %lo 或%mlo：按 long 型实际数据输出或者指定输出宽度。

输出八进制整型数据的 o 格式符示例如下。

```c
#include <stdio.h>
int main() {
    int a=12;
    long b=17;
    printf("a=%o  a=%5o\n",a,a);
    printf("b=%lo  b=%2lo  b=%8lo\n",b,b,b);
    return 0;
}
```

输出八进制整型数据的 o 格式符的程序运行结果如图 4-7 所示。

图 4-7　输出八进制整型数据的 o 格式符的程序运行结果

（3）x 或 X 格式符

x 或 X 格式符主要用于输出无符号十六进制整型数据。其使用方法与 o 格式符类似。要特别说

明的是，如果十六进制数中有英文字母 a～f，则采用 x 格式符时，输出小写字母 a～f；采用 X 格式符时，输出大写字母 A～F。

（4）u 格式符

u 格式符主要用于输出无符号十进制整型数据。程序中使用的十进制整型数据，在计算机中存储时存放的是该数的补码形式。一般来说，数据在机器中是有正负数之分的，但计算机中的所有信息都是使用 0 或者 1 来表示的，一个整数存放在内存中时，如果最高位为 0，则表示该数为正整数，如果最高位为 1，则表示该数为负整数。使用 u 格式符输出数据时，将不认为该数的最高位为符号位，而是将最高位的 0 或者 1 作为数的一部分进行计算，也就是将整数在内存中的补码数据按数值输出，没有符号位。

（5）f 格式符

f 格式符主要用于输出小数型的实型数据。

%f 或%m.nf 或%-m.nf：按 float 或 double 型的实际数据输出或者指定输出宽度。其中，m 指的是整个数据的宽度，包括小数点；n 的值用于指定输出数据的小数位数，默认输出时有 6 个小数位。注意，实数在内存中存储时有有效位数的限制，也就是说在输出时指定的位数不一定都是有效数字。输出单精度数的 f 格式符示例如下。

```c
#include <stdio.h>
int main() {
    float a=12;
    double b=17.456;
    printf("a=%f  a=%.0f\n",a,a);
    printf("b=%f  b=%-10.2f  b=%10.2f\n",b,b,b);
    return 0;
}
```

输出单精度数的 f 格式符的程序运行结果如图 4-8 所示。

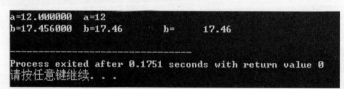

图 4-8　输出单精度数的 f 格式符的程序运行结果

（6）e 或 E 格式符

e 或 E 格式符主要用于输出指数型的数据。

%e 或%m.ne 或%-m.ne：使 float 或 double 型的数据按默认的指数形式输出或者指定输出宽度，且输出数据中用来表示指数的字符为"e"；如果希望用来表示指数的字符为"E"，则将格式符"e"替换为"E"即可。

输出小数的 e 或者 E 格式符示例如下。

```c
#include <stdio.h>
int main() {
    float a=12;
    double b=174.56;
    printf("a=%e  a=%E\n",a,a);
    printf("b=%e  b=%-10.2e  b=%10.2E\n",b,b,b);
    return 0;
}
```

输出小数的 e 或者 E 格式符的程序运行结果如图 4-9 所示。

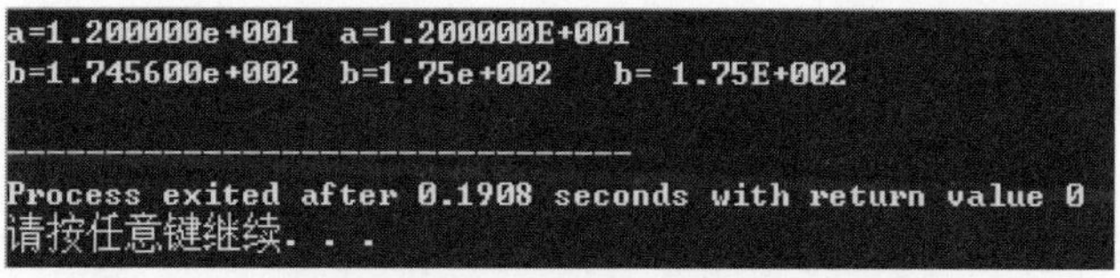

图 4-9　输出小数的 e 或者 E 格式符的程序运行结果

（7）g 或 G 格式符

g 或 G 格式符主要用于输出实型数据，由系统根据数据的实际情况选择采用%f 还是%e 的形式输出数据，哪一种格式输出数据时占用的宽度小，就采用哪种格式。

（8）c 或 mc 格式符

c 或 mc 格式符主要用于输出一个字符。%c 或%mc 的使用形式如下。

```
printf("%c  %3c\n",68, 'A');
```

该语句输出的结果是"D　　A"。十进制数 68 在采用字符格式输出时，输出 ASCII 值为 68 的对应大写字母"D"，占一个字符的宽度；而在输出字符"A"时，采用的是"%3c"的格式，占 3 个字符的宽度，"A"的前面补 2 个空格。

（9）s 格式符

s 格式符主要用于输出字符串数据，通常有以下几种使用情形。

%s：按字符串的实际长度输出（不包含字符串的定界符，即双引号）。

%ms 或%-ms：为输出的字符串给定 m 个英文字符的宽度。如果数据的位数小于 m，则数据靠右对齐，左端补空格，如果使用%-ms，则数据靠左对齐，右端补空格；否则按数据的实际长度输出。

%m.ns 或%-m.ns：输出的字符串占 m 个数据宽度，但是只截取字符串的前 n 个字符输出。

输出字符串的 s 格式符示例如下。

```
#include <stdio.h>
int main() {
    printf("%s  %3s  %-6.2s  %6.2s\n","HELLO","HELLO","HELLO","HELLO");
    return 0;
}
```

输出字符串的 s 格式符的程序运行结果如图 4-10 所示。

图 4-10　输出字符串的 s 格式符的程序运行结果

知识点 4：使用 printf()函数的注意事项

在使用 printf()函数时，还需要注意如下事项。

（1）printf()函数格式控制字符串中的格式符与输出列表中的输出项的个数和类型必须一一对应，否则会输出错误的结果，但是系统不会提示错误。

（2）格式说明中的%与后面的格式符之间不能有空格；除了 X、E、G 这 3 种格式符外，其余的格式符必须是小写英文字母。

（3）在 printf()函数中，对输出列表中各输出项进行计算时，采用的是"右结合"的方式，例如：

```
int i=10;
printf("%d  %d\n",i++,++i);
```

以上代码输出的结果是“11　11”，而不是“10　12”。因为要先计算第二个表达式“++i”的值，这时 i 的值为 11，再计算第一个表达式“i++”的值，即输出 i 的值为 11 后，i 的值再自增。当然，该语句执行结束后，i 的值为 12。

（4）在 printf()函数的格式控制字符串中可以使用 C 语言中的“转义字符”，如\t、\b、\n、\101（表示字符 A）、\x41（表示字符 A）等输出特殊字符，可以根据情况选用。

printf()函数使用示例如下。

```
#include <stdio.h>
int main() {
    int a=1,b=97;
    float c=2;
    printf("%.0f  %c\n",(++a,c++,c++),b+1);
    return 0;
}
```

printf()函数使用示例的程序运行结果如图 4-11 所示。

```
3  b

--------------------------------
Process exited after 0.1884 seconds with return value 0
请按任意键继续. . .
```

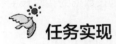

图 4-11　printf()函数使用示例的程序运行结果

任务实现

有一个直角三角形，两条直角边的边长是已知的，可根据公式“面积=底×高÷2”计算该三角形的面积。首先分别使用 sideA、sideB 表示两条直角边，area 表示面积。给出 sideA、sideB 的边长值，根据公式就可以计算出面积，同时将其存放在变量 area 中，但是面积的结果存放在内存变量中，要想将其显示在屏幕上时，需要使用 C 语言中的数据输出函数 printf()来实现。

```
1    #include <stdio.h>
2    int main() {
3        float sideA,sideB,area;        //定义存放两条直角边和面积的变量
4        sideA=10;                      //一条直角边的长度存放在 sideA 中
5        sideB=15;                      //另一条直角边的长度存放在 sideB 中
6        area=sideA*sideB/2;            //计算面积的结果存放于 area 中
7        printf("两条直角边的边长分别是: %f  %f\n",sideA,sideB); //显示两条直角边的长度
8        printf("面积的结果: area=%.2f\n",area);      //显示计算后得到的面积的值
9        return 0;
10   }
```

程序的第 7、8 行中的 printf()函数就是 C 语言的库函数中用来完成数据输出的函数，这两行代码分别用于将直角三角形的两条边长和面积进行输出并显示在屏幕上，第 8 行中的“%.2f”表示面积 area 的结果在显示时只保留 2 个小数位。计算直角三角形面积的程序运行结果如图 4-12 所示。

```
两条直角边的边长分别是: 10.000000  15.000000
面积的结果: area=75.00

--------------------------------
Process exited after 0.1643 seconds with return value 0
请按任意键继续. . .
```

图 4-12　计算直角三角形面积的程序运行结果

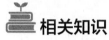

任务 3　计算圆的周长和面积

任务目标

在 C 语言中，如果某个需要参与运算的数据在程序执行时才能确定，那么可以采用 C 语言提供的输入操作来完成。本次任务根据输入的圆半径计算圆的周长和面积。

相关知识

知识点 1：scanf()函数的使用格式

scanf()函数的一般格式如下。

```
scanf(格式控制字符串,变量地址列表);
```

功能：接收输入的任意类型的数据，并将其对应地存放于后面的变量地址中，示例如下。

```
scanf("%d,%f,%c",&x,&y,&ch);
```

其中，scanf()的格式控制字符串的含义与 printf()函数的相同，用于控制对应的输入数据的格式，一般只包含格式转换说明符，如果有非格式转换说明符，则需要按原样在对应的位置上输入，否则变量可能得不到预期的数据；变量地址列表是由一个或多个变量的地址组成的，各变量地址间使用逗号分隔，变量地址的表示方式是"&变量名"，如&x 表示变量 x 的地址。

知识点 2：scanf()函数的格式转换说明符

在 C 语言中，常用的标准数据类型的数据在使用 scanf()函数输入时，都有对应的输出格式符对其进行转换，如表 4-3 所示。

表 4-3　scanf()函数的格式转换说明符

数据类型	格式转换说明符	说明
整型	%d 或%i、%hd、%ld	分别对应输入 int 型、short 型、long 型十进制有符号整型数
	%o、%lo	分别输入八进制形式的整型、长整型数
	%x 或%X、%lx 或%lX	分别输入十六进制形式的整型、长整型数，x、X 的作用相同
	%u、%lu	分别输入无符号十进制形式的整型、长整型数
实型	%f、%lf	以小数或指数形式输入 float 型、double 型实数
	%e 或%E、%g 或%G	作用同%f，e、E 和 g、G 的作用分别相同
字符	%c	输入一个字符
字符串	%s	输入一个字符串，以空格作为字符串的结束标志

除了表 4-3 中的格式转换说明符外，在实际的数据输入中，还可以使用以下格式满足多种形式输入的需要。

（1）指定接收数据的域宽

域宽是指在%和格式符之间增加的一个整数，用于指定从输入的数据中接收的字符个数。

（2）使用*抑制赋值

在%和格式符之间增加一个*，表示其对应的输入数据项被抑制，即跳过或者丢弃指定的数据。使用 scanf()函数的示例如下。

```
int main() {
    int x; float y;
    scanf("%2d%*2d%4f",&x,&y);
    printf("x=%d  y=%f\n",x,y);
    return 0;
}
```

假设程序运行后输入数据 123456.7890，使用 scanf()函数的程序运行结果如图 4-13 所示。

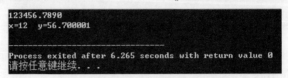

图 4-13　使用 scanf()函数的程序运行结果

当输入数据"123456.7890"并按 Enter 键后，"%2d"表示取 2 个字符宽度的数据"12"给变量 x；"%*2d"表示将 2 个字符宽度的数据"34"丢弃，不赋予任何一个变量；"%4f"表示取 4 个字符宽度（因为是 f 格式，如果有小数点，则小数点占据 1 个字符宽度）的数据"56.7"给变量 y。

知识点 3：使用 scanf()函数的注意事项

scanf()函数在使用的过程中，除了格式转换说明符必须与变量类型对应外，还需要注意以下事项。

（1）关于域宽

使用 scanf()函数时，一般情况下不需要指定域宽。如果使用了域宽 m 进行指定，则在输入多个数据时，不加分隔符（如空格等），由系统按给定的域宽自动截取相应宽度的数据。对于字符型数据，指定域宽将无效。如果用%f 格式输入，则小数点要占一个字符的宽度。

（2）关于%f

对于实型数据的输入，如果是 float 型，则使用"%f"；如果是 double 型，则使用"%lf"。不能指定小数位数的精度。

（3）关于非格式转换说明符

在 scanf()函数中，通常只使用格式转换说明符，不使用其他普通字符、转义字符等。因为如果在 scanf()函数中使用它们，则在输入时也需要完全原样输入，这反而为数据的输入增加了负担。例如，在 scanf("x=%d,y=%f",&x,&y);中，在实际输入时，输入"x=12,y=20"才是正确的。

（4）关于多个输入数据的分隔

当格式中只有类似"%d%f%d"的情形时，输入的多个数据之间可以使用空格、制表符或者换行符作为分隔标志。

（5）关于%c

"%c"用于输入一个字符，要注意输入时的正确性。空格、换行符等都被认为是一个字符。

思考　假设有下列代码，希望在输出时获得"a=100 b=A c=3.141593"的结果，那么在执行到 scanf()语句时，应该如何输入数据呢？

```
int main() {
    int a; char b; double c;
```

```
        scanf("%d%c%lf",&a,&b,&c);
        printf("a=%d b=%c c=%f\n",a,b,c);
        return 0;
    }
```

要得到预期的结果，上述代码在运行时需要输入的数据及结果如图 4-14 所示。

```
100A3.141593
a=100 b=A c=3.141593

Process exited after 23.78 seconds with return value 0
请按任意键继续...
```

图 4-14 需要输入的数据及结果

任务实现

计算不同的圆的周长和面积，需要编写一个能够计算圆周长和面积的通用程序，便于在运行时根据输入的半径直接计算周长和面积。采用前面使用的给变量赋值的方法显然是不现实的。这里采用 scanf()函数，在程序运行时临时输入半径的值，然后计算周长和面积。

```
1    #include <stdio.h>
2    #define PI 3.14159              //宏定义一个符号常量，便于在程序中使用
3    int main() {
4        float r,C,S;                //半径 r、周长 C、面积 S
5        printf("请输入圆的半径 r=");  //提示输入半径 r
6        scanf("%f",&r);             //输入一个值，存放于 r 所在的内存地址中
7        C=2*PI*r;                   //计算周长
8        S=PI*r*r;                   //计算面积
9        printf("该圆的周长 C=%.2f    面积 S=%.2f\n",C,S); //保留 2 位小数
10       return 0;
11   }
```

程序的第 9 行采用小数的形式输出圆的周长和面积的结果。当输入的半径值为 10 时，计算圆的周长和面积的程序运行结果如图 4-15 所示。

```
请输入圆的半径r=10
该圆的周长C=62.83        面积S=314.16

Process exited after 5.967 seconds with return value 0
请按任意键继续...
```

图 4-15 计算圆的周长和面积的程序运行结果

任务 4 字母转换

在 C 语言中，字符的输入与输出不仅可以使用 scanf()函数与 printf()函数来完成，还可以使用 C 语言标准库函数专供的字符输入/输出函数来实现。这两个函数是 getchar()函数和 putchar()函数，要使用它们进行字符的输入/输出，首先要包含头文件"stdio.h"。

任务目标

大写英文字母转换为对应的小写英文字母时，需要先定义一个字符变量，获得一个大写英文字母存放于其中，再根据大、小写字母的 ASCII 值之间的关系，在大写字母的基础上加 32，就可以获得其对应的小写字母的 ASCII 值，最后使用 putchar()函数输出字符。

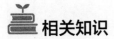 相关知识

知识点 1: 字符输出函数 putchar()

当只需要输出一个字符时，使用 putchar()函数比使用 printf()函数更简单。putchar()函数的一般格式如下。

```
putchar(一个字符变量);
```
或者
```
putchar(一个字符常量);
```

其功能就是输出一个字符。在 C 语言中，字符变量与整数 0~255 是通用的，因此，putchar(65); 输出的结果是"A"，相当于语句 putchar('A');。

知识点 2: 字符输入函数 getchar()

getchar()函数仅仅用于接收输入的字符，包括特殊字符等。getchar()函数的一般格式如下。

```
getchar();
```

该函数无参数，但一对圆括号不能省略。函数返回值是输入的字符。其使用时的一般格式如下。

```
字符变量=getchar();
```

其功能就是将输入的字符赋予一个字符变量。

知识点 3: 使用 getchar()函数的注意事项

在使用 getchar()函数时，还需要注意如下事项。

（1）在执行 getchar()函数时，虽然是读入一个字符，但并不是输入一个字符，该字符就立即被读入并赋予一个字符变量，而是到输入结束并按 Enter 键确认后才将所有字符数据输入缓冲区，然后 getchar()函数才从缓冲区中取一个字符赋予一个字符变量。

（2）getch()函数与 getchar()函数一样，都可以用于输入字符。它们的区别在于，getch()函数被称为"无回显的字符输入函数"，即输入的字符不显示在屏幕上。通常在程序的末尾使用 getch()函数。当程序执行到该函数时，等待用户按任意键（相当于程序暂停的作用）后再继续执行程序，用户可以在按任意键之前查看程序的运行结果。

> **思考** 在输入字符型数据时，多余的换行符如何处理？

 任务实现

输入一个大写英文字母，根据大、小写英文字母之间的 ASCII 编码规则可知，在大写英文字母的 ASCII 值的基础上加 32，就可以获得对应的小写英文字母的 ASCII 值，并使用 putchar()函数将其输出。

```
1    #include <stdio.h>
2    int main() {
3        char ch1,ch2;
4        printf("请输入一个大写英文字母: ");
5        ch1=getchar();           //获得一个大写字母并存入 ch1 中
6        ch2=ch1+32;              //将小写字母存入 ch2 中
7        putchar(ch1);           //输出大写字母
8        putchar('\t');          //输出转义字符
```

```
9        putchar(ch2);           //输出小写字母
10       putchar('\n');          //输出转义字符换行
11       return 0;
12   }
```

程序的第 7～10 行都是执行 putchar() 函数，每一个 putchar() 函数只能输出一个字符。当输入大写字母 D 时，字母转换程序的运行结果如图 4-16 所示。

图 4-16 字母转换程序的运行结果

拓展任务 俄罗斯方块之开始游戏

俄罗斯方块游戏开始之前的一系列准备工作封装在与之对应的函数中，将这些函数按照一定的逻辑顺序在 main() 函数中进行调用，即可实现游戏的运行。其默认在 Windows 环境中运行，也可以选择在 UNIX/Linux 环境中运行。

```
1    #include "game_tetris.h"
2    /**********************************************
3     * 描述: main()函数
4     * 参数: NULL
5     * 返回值: return 0
6     **********************************************/
7    #ifdef __unix__                              //UNIX/Linux 环境
8    int64_t main(int64_t argc, char **argv)
9    #elif defined(_WIN32) || defined(WIN32)      //Windows 环境
10   int64_t main()
11   #endif
12   {
13       gt_max = 0, gt_score = 0;                //变量初始化
14       system("title    [Game Tetris]  ");     //设置窗口的名称
15       system("mode con lines=32 cols=65");     //设置窗口的大小，即窗口的行数和列数
16       GT_StashCursorInfo();                    //隐藏光标
17       GT_ReadScore();                          //从文件中读取最高分到 max 变量中
18       GT_InitOperationInterface();             //初始化操作界面
19       GT_InitBlockInfo();                      //初始化方块信息
20       srand((unsigned int)time(NULL));         //设置随机数生成的起点
21       GT_StartGameTetris();                    //启动游戏
22       return EXIT_SUCCESS;
23   }
```

main() 函数中，第 13～15 行为初始化，第 16～19 行为调用函数，第 21 行为调用函数并启动游戏。

课后习题

一、选择题

1. 以下不属于 C 语言格式转换说明符的是（   ）。

    A．%7f   B．%X   C．%D   D．%G

2. 假设已有定义 int x,y;，若为 x、y 输入数据，则以下语句中正确的是（　　　）。

    A. scanf("%d%d",&x,&y);　　　　　　　B. scanf("%f%f",x,y);

    C. scanf("%d%d",x,y);　　　　　　　　D. scanf("%f%f",&x,&y);

3. 以下程序的运行结果是（　　　）。

```c
#include <stdio.h>
int main() {
    short int a=-2;
    printf("%hd %ho %hX\n",a,a,a);
    return 0;
}
```

    A. -2　-2　-2　　　　　　　　　　　B. -2　177776　fffe

    C. -2　17776　FFFE　　　　　　　　D. 65534　177776　FFFE

4. 以下语句的运行结果是（　　　）。

```c
printf("%d\n",5*1.2);
```

    A. 6　　　　　　　B. 6.000000　　　　　　C. 0　　　　　　D. 出错

5. 以下程序的运行结果是（　　　）。

```c
int main() {
    char ch1='E',ch2='G';
    printf("%d %c %c\n",ch2-ch1,ch1+32,ch2++);
    return 0;
}
```

    A. 2 E G　　　　　B. 3 e G　　　　　C. 3 e F　　　　　D. 3 e f

二、编写程序

1. 输入一名学生的数学、英语、计算机 3 门课程的成绩，计算该学生的总成绩和平均成绩。

2. 假设某水果店的苹果为 5.5 元/千克，芒果为 9 元/千克，龙眼为 15 元/千克。根据顾客购买的各水果重量，计算并输出该顾客应付金额，再输入顾客付款金额，计算并输出应找金额。

3. 分解数字。输入一个 4 位整数，将该数的千位、百位、十位、个位上的数字分离出来，并求出各位数字之和。

单元5
选择结构程序设计

05

知识目标

1. 熟悉关系表达式和逻辑表达式。
2. 掌握C语言程序中单分支、双分支if结构的执行流程和使用方法。
3. 掌握多分支if结构的使用方法。
4. 掌握if结构的嵌套、switch语句的使用方法。

能力目标

1. 具有分析、处理关系表达式和逻辑表达式的能力。
2. 具有熟练使用if结构、switch语句的能力。
3. 具有编写、调试、运行选择结构程序的能力。

素质目标

1. 培养爱国精神和工匠精神。
2. 培养分析问题的能力。

单元任务组成

本单元主要学习关系运算符与表达式、逻辑运算符与表达式、if结构、switch语句的使用等内容，任务组成情况如图5-1所示。

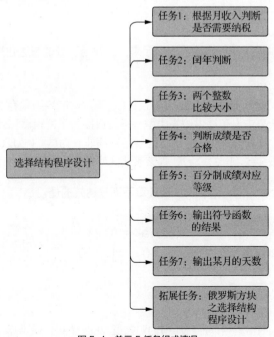

图 5-1 单元 5 任务组成情况

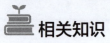

任务 1　根据月收入判断是否需要纳税

任务目标

根据 C 语言的变量、常量、关系表达式、if 结构相关知识，完成输入某人的个人月收入，根据我国现行"个人所得税"相关规定，判断其是否需要纳税。

相关知识

知识点 1：关系运算符及其优先级

C 语言提供了 6 种关系运算符，如图 5-2 所示。

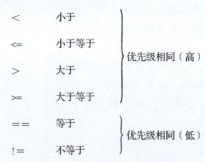

图 5-2　C 语言中的 6 种关系运算符

当输入时，由 2 个字符组合的运算符之间不能出现空格。算术运算符的运算优先级比关系运算符的运算优先级高，因此要先进行算术运算，后进行关系运算。关系运算属于双目运算，需要 2 个操作数。

知识点 2：关系表达式

关系表达式使用关系运算符将表达式连接起来，主要用于测试表达式是否符合某个标准。关系表达式的一般格式如下。

> 表达式　关系运算符　表达式

关系表达式的运算就是判断表达式是否成立，关系表达式的结果只有 2 种可能性，为"真"或者为"假"，但是在 C 语言中没有提供逻辑类型，不能直接表示逻辑真和假，只能用数字 1 作为逻辑真的值，用数字 0 作为逻辑假的值。C 语言还规定数值非 0 为真，0 为假。例如，a + b > c 是一个合法的关系表达式，假设 a=5，b=3，c=7，则该表达式的结果为"真"，值为 1。

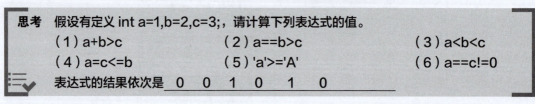

思考	假设有定义 int a=1,b=2,c=3;，请计算下列表达式的值。	
（1）a+b>c	（2）a==b>c	（3）a<b<c
（4）a=c<=b	（5）'a'>='A'	（6）a==c!=0

表达式的结果依次是　0　0　1　0　1　0

任务实现

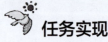

个人所得税是以个人取得的各项应税所得为对象征收的一种税，是调整征税机关与自然人之间在

个人所得税的征纳与管理过程中所发生的社会关系的法律规范的总称。目前，我国个人所得税的起征点为每月 5000 元，是否需要纳税的标志性数据就是某月的个人收入是否超过 5000 元（不包括专项附加），如果没有超过，则该月不用纳税，否则需要纳税。这里需要用到一种关系运算符：>（大于）。

```c
1   #include <stdio.h>
2   int main(){
3       float income;                  //月收入
4       printf("请输入月收入: ");
5       scanf("%f",&income);
6       if(income>5000)                //超过个税起征点
7           printf("您需要纳税\n");
8       else                           //没有超过个税起征点
9           printf("您的月收入暂时没超过 5000 元，不用纳税");
10      return 0;
11  }
```

程序的第 6 行 if 后面圆括号中的"income>5000"是一个比较大小的表达式，当 income 的值大于 5000 时，则该表达式的值为真，表示关系成立，程序输出"您需要纳税"；如果 income 的值小于或等于 5000，则关系不成立，程序执行 else 后面的语句（如果有），输出"您的月收入暂时没超过 5000 元，不用纳税"。假设输入的月收入为 6500，则纳税判断的程序运行结果如图 5-3 所示。

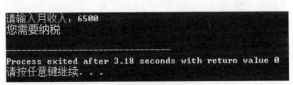

图 5-3　纳税判断的程序运行结果

任务 2　闰年判断

任务目标

输入一个 4 位数的年份，使用 if 结构判断该年份是否为闰年。

相关知识

知识点 1：逻辑运算符及其优先级

C 语言提供了 3 个逻辑运算符：!（非）、&&（与）、||（或）。其中，!为单目运算符，&&和||为双目运算符。其优先级的顺序如下：! > && > ||。&&和||运算符属于左结合性运算符，而!运算符属于右结合性运算符。

逻辑运算符与其他常用运算符之间的优先级顺序如下：! > 算术运算符 > 关系运算符 > && > || > 赋值运算符。

知识点 2：逻辑表达式

逻辑表达式是使用逻辑运算符将表达式连接起来的式子。逻辑结果为"真"或"假"，数值结果为"1"或"0"。

逻辑表达式的一般格式如下。

表达式　逻辑运算符　表达式

逻辑运算符两端的表达式可以是任意的合法表达式或任意常量。逻辑运算的真值表如表 5-1 所示。

表 5-1　逻辑运算的真值表

a 的取值	b 的取值	!a	a&&b	a||b
真（非0）	真（非0）	假（0）	真（1）	真（1）
真（非0）	假（0）	假（0）	假（0）	真（1）
假（0）	真（非0）	真（1）	假（0）	真（1）
假（0）	假（0）	真（1）	假（0）	假（0）

逻辑表达式的运算规则如下。

（1）与运算&&：参与运算的量都为真时，结果才为真，否则为假。例如，7>3 && 1<2，7>3 为真，1<2 也为真，故相与的结果也为真。而对于表达式 3>2 && 6>9 && 6>1，其中的逻辑运算符全为&&，按"从左向右"进行运算时，只要其中任一表达式的值为假，则整个表达式的值为假，该表达式中后面的部分不会再被计算。也就是说，虽然 3>2 为真，但是 6>9 为假，已经得出此表达式的结果为 0，所以不再计算表达式 6>1。这个特性称为"与"运算符的短路特性。

（2）或运算||：只要其中一个参与运算的量为真，则结果为真，只有所有参与运算的量都为假时，结果才为假。例如，7>13 || 9<2，7>13 为假，才有机会计算 9<2 的值，由于 9<2 也为假，相或的结果为假。而对于表达式 3>12 || 16>9 || a>1，其中的逻辑运算符全为||，按"从左向右"进行运算时，只要其中任一表达式的值为真，则整个表达式的值为真，该表达式中后面的部分不会再被计算。也就是说，3>12 为假，继续计算 16>9 的值，而 16>9 为真，已经得出此表达式的结果为 1，所以不再计算表达式 a>1。这个特性称为"或"运算符的短路特性。

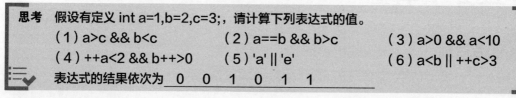

思考　假设有定义 int a=1,b=2,c=3;，请计算下列表达式的值。
（1）a>c && b<c　　　　　　（2）a==b && b>c　　　　　　（3）a>0 && a<10
（4）++a<2 && b++>0　　　　（5）'a' || 'e'　　　　　　　（6）a<b || ++c>3
表达式的结果依次为 ＿0＿ ＿0＿ ＿1＿ ＿0＿ ＿1＿ ＿1＿

任务实现

大家都知道，一般一年有 365 天，但是 2012 年有 366 天，那是因为 2012 年是闰年，2 月份多了 29 日这一天。2000 年、2008 年也是闰年，但是 1900 年不是闰年。判断一个年份是否为闰年的条件究竟是什么呢？能被 4 整除但同时不能被 100 整除，或者能被 400 整除的年份是闰年，否则不是闰年。这里不仅要用到算术运算符、关系运算符，还需要用到逻辑运算符：逻辑与"&&"和逻辑或"||"。如果有人刚好在闰年的 2 月 29 日出生，那么他每四年才能过一次生日。

```
1    #include <stdio.h>
2    int main(){
3        int year;                                    //年份变量
4        printf("请输入年份: ");
5        scanf("%d",&year);
6        if(year%4==0 && year%100!=0 || year%400==0)   //闰年条件
7            printf("%d年是闰年,有可能有人每四年过一次生日。\n",year);
8        else                                         //不是闰年
```

```
9              printf("%d 年不是闰年。\n",year);
10       return 0;
11   }
```

程序的第 6 行 if 后面圆括号中的"year%4==0 && year%100!=0 || year%400==0"是一个逻辑表达式,如当 year 的值为 2032 时,满足条件"year%4==0 && year%100!=0",该表达式的值为真,表示关系成立,则程序输出"2032 年是闰年,有可能有人每四年过一次生日。";当 year 的值为 2000 时,满足条件"year%400==0",该表达式的值仍然为真,表示关系成立,程序输出"2000 年是闰年,有可能有人每四年过一次生日。";当 year 的值为 2025 时,不满足任何一个判断闰年的标准,表示关系不成立,程序执行 else 后面的语句(如果有),输出"2025 年不是闰年。"。

假设输入的年份是 2024,闰年判断的程序运行结果如图 5-4 所示。

图 5-4   闰年判断的程序运行结果

任务 3 两个整数比较大小

任务目标

输入两个整数,使用 if 结构实现两个整数比较大小。

相关知识

在日常生活和工作中,经常会有根据一个或多个情况决定下一步做什么以及如何做的情况。在 C 语言中,用 if 结构根据给定的条件进行判断,决定是否执行某段程序。C 语言中的 if 结构有 3 种基本形式。

知识点:单分支 if 结构

单分支 if 结构的一般格式如下。

```
if(表达式) 语句
```

该结构的执行过程:首先计算表达式的值,如果为真,则执行语句;否则跳过该语句,直接执行该语句后的下一个语句。单分支 if 结构执行流程图如图 5-5 所示。

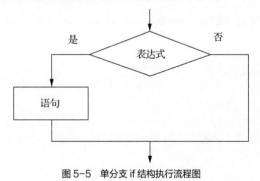

图 5-5   单分支 if 结构执行流程图

思考 使用单分支 if 结构如何将 3 个整数按照从小到大的顺序输出？

任务实现

首先输入任意 2 个整数并存放于变量 a、b 中；然后判断 a、b 的值的大小，如果 b>a，则将 a、b 的值进行交换，如果 a>b，则不需要进行交换，保持现状即可；最后输出经过处理的 a、b 的值。

```
1   #include <stdio.h>
2   int main(){
3       int a,b,t;                  //t 用于交换 a、b 的值
4       printf("输入 a、b 的值: ");
5       scanf("%d%d",&a,&b);        //输入 a、b 的值
6       if(b>a)  t=a,a=b,b=t;       //如果 b 的值大于 a 的值，则进行交换
7       printf("a=%d  b=%d\n",a,b); //输出 a、b 的值
8       return 0;
9   }
```

程序的第 6 行是一个单分支 if 结构，当满足条件时，执行后面的语句，否则什么也不执行。假设输入的两个整数为 12 和 56，两个整数比较大小的程序运行结果如图 5-6 所示。

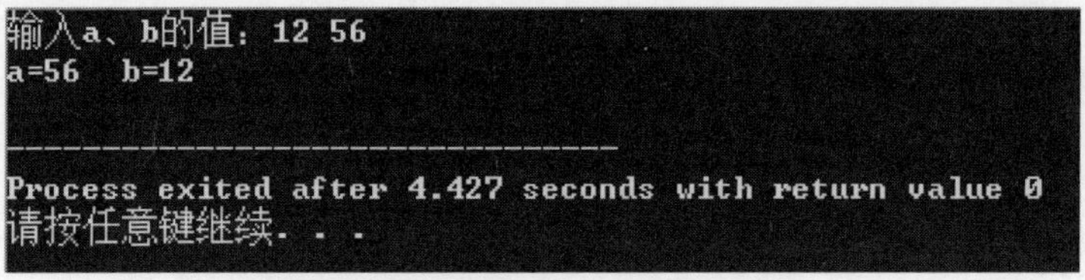

```
输入a、b的值: 12 56
a=56   b=12
_____
Process exited after 4.427 seconds with return value 0
请按任意键继续. . .
```

图 5-6　两个整数比较大小的程序运行结果

任务 4　判断成绩是否合格

任务目标

使用双分支 if 结构判断输入的成绩是否合格。

相关知识

知识点 1：双分支 if 结构

双分支 if 结构的一般格式如下。

```
if(表达式)
    语句 1
else
    语句 2
```

该结构的执行过程：首先计算表达式的值，如果为真，则执行语句 1，否则执行语句 2。双分支 if 结构执行流程图如图 5-7 所示。

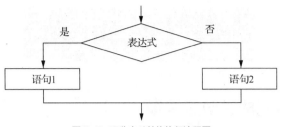

图 5-7　双分支 if 结构执行流程图

知识点 2：条件运算符和条件表达式

（1）条件运算符

如果在 if 结构中只执行单个赋值语句，则可使用条件表达式来实现，这不仅使程序变得简洁，还提高了运行效率。形成条件表达式时需要由条件运算符将参与运算的量连接起来。条件运算符为"?:"，它是 C 语言中唯一的三目运算符，即有 3 个参与运算的量。

（2）条件表达式

条件表达式的一般格式如下。

（表达式 1）？表达式 2：表达式 3

运算过程：先计算表达式 1 的值，如果为真，则表达式 2 的值为整个条件表达式的值，否则表达式 3 的值为整个条件表达式的值。

（3）使用条件表达式应注意的事项

① 条件运算符的运算优先级低于关系运算符和算术运算符，但高于赋值运算符。例如，max=(s1>s2)?s1:s2 可以去掉括号，写为 max=s1>s2?s1:s2。

② 条件运算符?和:是一对运算符，不能分开单独使用。

③ 条件运算符的运算方向是自右向左。

> **思考**　输入一个任意三角形的 3 条边，如果能够构成三角形，则使用海伦公式计算该三角形的面积，否则输出"不构成三角形，不用计算面积。"的信息。

 任务实现

先输入任一整数成绩并存入变量 score 中，再判断 score 的值。如果 score>=60，则输出"成绩合格"的信息，否则输出"成绩不合格"的信息。

```
1    #include <stdio.h>
2    int main(){
3        int score;                      //存放成绩的变量
4        printf("请输入一个百分制的成绩: ");
5        scanf("%d",&score);
6        if(score>=60)                   //成绩合格的条件
7            printf("成绩合格\n");
8        else                            //成绩不合格
9            printf("成绩不合格\n");
10       return 0;
11   }
```

程序的第 6～9 行的"if-else"是双分支 if 结构，当满足条件时执行 if 后面的语句，否则执行 else 后面的语句。

假设输入的成绩为 80，判断成绩是否合格的程序运行结果如图 5-8 所示。

图 5-8　判断成绩是否合格的程序运行结果

任务5　百分制成绩对应等级

任务目标

使用多分支 if 结构，实现根据百分制整数成绩输出其对应的等级。等级划分标准：优秀为 90～100（包含 90）；良好为 80～89（包含 80）；中等为 70～79（包含 70）；及格为 60～69（包含 60）；不及格为小于 60。

相关知识

知识点1：多分支 if 结构

多分支 if 结构的一般格式如下。

```
if(表达式1)
    语句1
else if(表达式2)
    语句2
    …
else if(表达式n)
    语句n
else
    语句n+1
```

该结构的执行过程：首先计算表达式 1 的值，如果为真，则执行语句 1，否则计算表达式 2 的值，当表达式 2 的值为真时，执行语句 2，否则计算表达式 3 的值，当表达式 3 的值为真时，执行语句 3…否则计算表达式 n 的值，当表达式 n 的值为真时，执行语句 n，否则执行语句 n+1。多分支 if 结构执行流程图如图 5-9 所示。

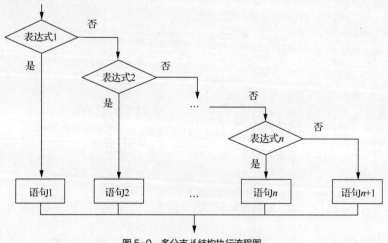

图 5-9　多分支 if 结构执行流程图

知识点 2：使用 if 结构的注意事项

使用 if 结构需要注意以下事项。

（1）在以上形式的 if 结构中，if 关键字之后均为表达式。该表达式通常是逻辑表达式或关系表达式，但也可以是其他表达式，如赋值表达式等，甚至可以是一个变量或常量。只要表达式的值为非 0（即为"真"）即可。例如：

```
if(a=2) … ;
```

此 if 结构中表达式 a=2 的值永远为 2（即为真），所以其后的语句总是要执行的，虽然这种情况在程序中不一定会出现，但是其在语法上是合法的。

（2）在 if 结构中，条件表达式必须用圆括号括起来，在语句之后必须加分号。

（3）在 if 结构中，所有语句可以是一个语句，也可以是一组（多个）语句。如果是多个语句，则必须把这一组语句用"{}"括起来组成一个复合语句。但需要注意的是，右花括号之后不能再加分号。

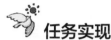 **任务实现**

输入任意整数成绩并存入变量 score 中，然后判断 score 的值，如果 score≥90，则输出"成绩优秀。"的信息，否则如果 score≥80，则输出"成绩良好。"的信息，否则如果 score≥70，则输出"成绩中等。"的信息，否则如果 score≥60，则输出"成绩及格。"的信息，否则输出"成绩不及格。"的信息。

```
1    #include <stdio.h>
2    int main(){
3        int score;                   //成绩变量
4        printf("请输入一个百分制的成绩: ");
5        scanf("%d",&score);          //输入成绩
6        if(score>=90)                //成绩为 90～100（包含 90）
7            printf("成绩优秀。\n");
8        else if(score>=80)           //成绩为 80～89（包含 80）
9            printf("成绩良好。\n");
10       else if(score>=70)           //成绩为 70～79（包含 70）
11           printf("成绩中等。\n");
12       else if(score>=60)           //成绩为 60～70（包含 60）
13           printf("成绩及格。\n");
14       else                         //成绩小于 60
15           printf("成绩不及格。\n");
16       return 0;
17   }
```

程序的第 6～15 行的"if-else if-else"是一个多分支 if 结构，当表达式 score≥90 为真时，输出"成绩优秀。"，否则计算表达式 score≥80，当该表达式为真时，输出"成绩良好。"。以此类推，如果前面的表达式没有一个为真，则执行 else 后面的语句，输出"成绩不及格。"。假设输入的成绩为 85，百分制成绩对应等级的程序运行结果如图 5-10 所示。

图 5-10　百分制成绩对应等级的程序运行结果

任务6 输出符号函数的结果

任务目标

使用嵌套 if 结构，输出符号函数的结果。

有一符号函数 $y = \begin{cases} -1, & x < 0, \\ 0, & x = 0, \\ 1, & x > 0, \end{cases}$ 要求输入 x 的值，输出对应的 y 值。

相关知识

在编写程序的过程中，常常会遇到 if 结构中包含另一个 if 结构的情况，这种情况被称为 if 结构的嵌套，可分为在 if 子句中和在 else 子句中嵌套 if 结构两种情况。

知识点1: 在 if 子句中嵌套 if 结构

在 if 子句中嵌套 if 结构的一般格式如下。

```
if(表达式1)
    if(表达式2)
        语句1
    else
        语句2
else
    语句3
```

该结构的执行过程：首先计算表达式 1 的值，如果为真，则执行内部的 if 结构，否则执行语句 3。在 if 子句中嵌套 if 结构的执行流程图如图 5-11 所示。

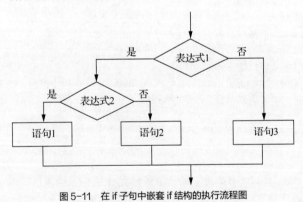

图 5-11　在 if 子句中嵌套 if 结构的执行流程图

知识点2: 在 else 子句中嵌套 if 结构

在 else 子句中嵌套 if 结构的一般格式如下。

```
if(表达式1)
    语句1
else
    if(表达式2)
```

```
        语句 2
    else
        语句 3
```

该结构的执行过程：首先计算表达式 1 的值，如果为真，则执行语句 1，否则执行 else 内部的 if 语句。在 else 子句中嵌套 if 结构的执行流程图如图 5-12 所示。

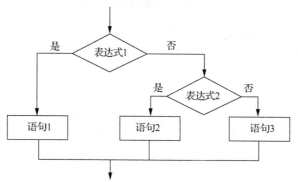

图 5-12　在 else 子句中嵌套 if 结构的执行流程图

 注意　有 if 子句时，不一定有 else 子句，但是有 else 子句时，必须有 if 子句与该 else 子句配对。else 子句与 if 子句的配对原则如下：else 子句与它前面最近的没有与其他 else 子句配对的 if 子句配对。

任务实现

多数问题都有多种解决方案，也就是说编写的程序没有标准答案，只有参考答案。本任务采用 if 结构嵌套的方法来实现。先输入 x 的值，当 x≥0 时，再判断究竟是 x>0 还是 x=0 的情况，即在 x≥0 时的分支中继续执行一个 if 结构。if 结构可以在 if 子句中嵌套，也可以在 else 子句中嵌套，本任务采用在 else 子句中嵌套 if 结构的方法实现。

```
1    #include <stdio.h>
2    int main(){
3        float x,y;                  //定义需要的变量
4        printf("请输入 x 的值: ");
5        scanf("%f",&x);             //输入 x 的值
6        y=0;                        //假设 x=0 时，y=0
7        if(x>0)                     //x>0
8            y=1;
9        else                        //x≤0
10           if(x<0)                 //x<0
11               y=-1;
12       printf("x=%.1f   y=%.0f\n",x,y);
13       return 0;
14   }
```

在这个程序中，先假设了 x=0 的情况，也就是先给 y 赋值为 0。程序的第 7～11 行是一个 if 结构，在这个 if 结构的 else 子句中嵌套了一个单分支的 if 结构，因为 x=0 的情况在前面已经做了处理，所以在嵌套的 if 结构中就不再需要写具有隐含条件 x=0 的 else 子句了。假设输入的 x 为 20，符号函数的程序运行结果如图 5-13 所示。

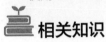

```
请输入x的值: 20
x=20.0  y=1
_____

Process exited after 1.849 seconds with return value 0
请按任意键继续. . .
```

图 5-13　符号函数的程序运行结果

任务7　输出某月的天数

任务目标

使用 switch 语句，输入某年的某一月份，输出该月共有多少天。

相关知识

知识点 1：switch 语句的一般格式

switch 语句的一般格式如下。

```
switch(表达式)
{
    case 常量 1:语句 1;break;
    case 常量 2:语句 2;break;
    …
    case 常量 n:语句 n;break;
    default:语句 n+1;
}
```

switch 语句的执行过程：首先计算 switch 关键字后面括号内的表达式的值，再逐个与其后的常量值相比较，当表达式的值与某个常量值相等时，即执行其后的语句，不再进行判断，继续执行后面所有 case 后的语句。若表达式的值与所有 case 后的常量值均不相同，则执行 default 后面的语句 $n+1$。

知识点 2：使用 switch 语句的注意事项

使用 switch 语句时需要注意以下事项。

（1）关键字 switch 后面括号内的表达式的值必须是"有序数"，一般为整型、字符型或者枚举类型等。

（2）每个 case 语句后的常量值的类型需与 switch 后面的表达式的值的类型一致，且一个 switch 语句中所有 case 后面的值必须互不相同，否则会出现错误。

（3）case 后面的语句可以是多个语句，不需要用"{}"括起来；也可以没有语句，表示它与前面的 case 执行相同的操作。

（4）各 case 和 default 子句的先后顺序可以改变，正常情况下不会影响程序的运行结果。default 子句也可以省略，这意味着该 switch 语句的分支可能一个也不执行。

（5）在 switch 语句中，如果执行到某 case 后面的 break 语句，则退出 switch 语句，继续执行整个 switch 结构后面的语句。

switch 语句的使用示例如下。

```
int main() {
    int a=15,b=10;
    switch(a){
        case 1:a++;
        default:a=a-b;
        case 2:--b;
        case 3:a--;
    }
    printf("%d %d\n",a,b);
    return 0;
}
```

使用 switch 语句的程序运行结果如图 5-14 所示。

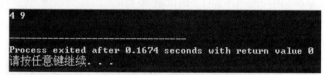

图 5-14　使用 switch 语句的程序运行结果

任务实现

通常，一年中有月大、月小的情况，月大是 31 天，月小是 30 天，闰年的 2 月有 29 天，非闰年的 2 月有 28 天，1、3、5、7、8、10、12 月是 31 天，4、6、9、11 月是 30 天。当输入的是月份，即 1～12 的整数中的某一个时，虽然条件简单，但是分支较多，遇到这种情况时就可以使用 switch 语句。

```
1    #include <stdio.h>
2    int main(){
3        int year,month,day;
4        printf("请输入年份、月份: ");
5        scanf("%d%d",&year,&month);
6        switch(month){
7            case 1:
8            case 3:
9            case 5:
10           case 7:
11           case 8:
12           case 10:
13           case 12:day=31;break;          //31 天的情况
14           case 4:
15           case 6:
16           case 9:
17           case 11:day=30;break;          //30 天的情况
18           case 2:
19               if(year % 4 == 0 && year % 100 || year % 400 ==0)
20                   day=29;                 //闰年，2 月有 29 天
21               else
22                   day=28;                 //非闰年，2 月只有 28 天
23               break;
24           default:day=0;                  //输入的月份在 1～12 之外，无效
```

```
25          }
26          if(day!=0)                    //1～12 月对应的天数
27              printf("%d 年的%d 月: 有%d 天。\n",year,month,day);
28          else                          //输入的月份在 1～12 之外，无效
29              printf("你输入的月份无效。");
30          return 0;
31      }
```

程序的第 6～25 行就是一个完整的 switch 语句。这样书写会使程序变得简洁，可读性较好。当 month 的值为 7 时，进入 switch 内部，将 month 的值同 case 后面的数字进行比较，如果二者不相同，则继续向下比较，直到比较到第 10 行 case 后面的"7"，从这一刻开始不再继续同后面的 case 值比较，顺序向下执行，执行到第 13 行，day=31，然后执行 break 语句，该语句的功能就是结束包含该语句的结构，即结束 switch 语句的执行，向下执行第 26 行的语句。假设输入的年份、月份为 2024 2，输出某月的天数的程序运行结果如图 5-15 所示。

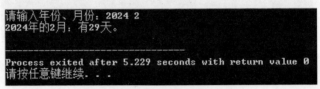

图 5-15　输出某月的天数的程序运行结果

拓展任务　俄罗斯方块之选择结构程序设计

使用选择结构实现俄罗斯方块中的游戏方块颜色设置、判断得分与游戏结束等功能。

拓展任务 1：俄罗斯方块之游戏方块颜色设置

选择结构是结构化程序设计中三大基本结构之一，使用频率很高。在俄罗斯方块程序中，游戏方块颜色设置函数中使用了 switch 语句，代码如下。

```
1       /*********************************************
2        * 描述：游戏方块颜色设置
3        * 参数：c——颜色设置
4        * 返回值: void
5        *********************************************/
6       void_t GT_BlockSetColor(int64_t c)
7       {
8           switch (c)
9           {
10          case PURPLE_SHAPE:
11              // "T" 形方块设置为紫色
12              c=13;
13              break;
14          case RED_SHAPE_1:
15          case RED_SHAPE_2:
16              // "L" 形和 "J" 形方块设置为红色
17              c=12;
18              break;
19          case GREEN_SHAPE_3:
20          case GREEN_SHAPE_4:
```

```
21          // "Z"形和"S"形方块设置为绿色
22          c=10;
23          break;
24      case YELLOW_SHAPE:
25          // "O"形方块设置为黄色
26          c=14;
27          break;
28      case BLUE_SHAPE:
29          // "I"形方块设置为蓝色
30          c=11;
31          break;
32      default:
33          //其他默认设置为白色
34          c=7;
35          break;
36      }
37      //颜色设置，注意，SetConsoleTextAttribute 是一个 API
38      SetConsoleTextAttribute(GetStdHandle(STD_OUTPUT_HANDLE), c);
39  }
```

拓展任务 2：俄罗斯方块之判断得分与游戏结束

在俄罗斯方块程序中，判断得分与游戏结束功能会使用 if 结构，代码如下。

```
1   /*****************************************************
2    * 描述：判断得分与游戏结束
3    * 参数：NULL
4    * 返回值：返回 1 表示结束，返回 0 表示不结束
5    *****************************************************/
6   int64_t GT_JudgeScoreOrOver()
7   {
8       //判断是否得分
9       for (int64_t i = ROW - 2; i > BLOCK_COL_LEN; i--)
10      {
11          //记录第 i 行的方块个数
12          int64_t sum = 0;
13          for (int64_t j = 1; j < COL - 1; j++)
14          {
15              //统计第 i 行的方块个数
16              sum += data_info_var.block_flag[i][j];
17          }
18          //该行没有方块，无须再判断其上的层次（无须再继续判断是否得分）
19          if (sum == 0)
20              break;
21          //该行全是方块，可得分
22          if (sum == COL - 2)
23          {
24              //满一行加 PER_ROW_SCORE 分
25              gt_score += PER_ROW_SCORE;
26
27              //颜色设置为白色
```

```
28                    GT_BlockSetColor(WHITE_SHAPE);
29
30              //光标跳转到显示当前分数的位置
31              GT_CursorJumpSet(2 * COL + 4, ROW - 3);
32
33              //更新当前分数
34              fprintf(stdout, "Current Score:%d", gt_score);
35              for (int64_t j = 1; j < COL - 1; j++)
36              {
37                  data_info_var.block_flag[i][j] = 0;
38                  GT_CursorJumpSet(2 * j, i);
39                  fprintf(stdout, "  ");
40              }
41
42              //把被清除行上面的行整体向下移动一格
43              for (int64_t m = i; m >1; m--)
44              {
45                sum = 0;
46                for (int64_t n = 1; n < COL - 1; n++)
47                {
48                  sum += data_info_var.block_flag[m - 1][n];
49          data_info_var.block_flag[m][n] = data_info_var.block_flag[m - 1][n];
50          data_info_var.color_encode[m][n] = data_info_var.color_encode[m - 1][n];
51                      //上一行移下来的是方块，输出方块
52                      if (data_info_var.block_flag[m][n] == 1)
53                      {
54                          GT_CursorJumpSet(2 * n, m);
55                          GT_BlockSetColor(data_info_var.color_encode[m][n]);
56                          fprintf(stdout, "■");
57                      }
58                      //上一行移下来的是空格，输出空格
59                      else
60                      {
61                          GT_CursorJumpSet(2 * n, m);
62                          fprintf(stdout, "  ");
63                      }
64                }
65                  if (sum == 0)
66                      return JUDGESCOREOVER;
67              }
68          }
69      }
70      //判断游戏是否结束
71      for (int64_t j = 1; j < COL - 1; j++)
72      {
73          if (data_info_var.block_flag[1][j] == 1)
74          {
75              #ifdef __unix__                        //UNIX/Linux 环境
76                  sleep(TIME_LEN_SECOND);        //留给用户反应的时间
77              #elif defined(_WIN32) || defined(WIN32)   //Windows 环境
78                  sleep(TIME_LEN_SECOND);        //留给用户反应的时间
```

```
79              #endif
80              system("cls");
81              GT_BlockSetColor(WHITE_SHAPE);
82              GT_CursorJumpSet(2 * (COL / 3), ROW / 2 - 3);
83              if (gt_score>gt_max)
84              {
85    fprintf(stdout, "The highest record has been updated to :%d", gt_score);
86                  GT_WriteScore();
87              }
88              else if (gt_score == gt_max)
89              {
90                  fprintf(stdout, "Stay on par with the highest record and
91    strive for new achievements :%d", gt_score);
92              }
93              else
94              {
95                  fprintf(stdout, "Please continue to refuel, the current
96    record is different from the highest:%d", gt_max - gt_score);
97              }
98              GT_CursorJumpSet(2 * (COL / 3), ROW / 2);
99              fprintf(stdout, "GAME OVER");
100             loop
101             {
102                 int8_t ch;
103                 GT_CursorJumpSet(2 * (COL / 3), ROW / 2 + 3);
104                 fprintf(stdout, "Another round?(y/n):");
105                 scanf("%c", &ch);
106                 if (ch == 'y' || ch == 'Y')
107                 {
108                     #ifdef __unix__                      //UNIX/Linux环境
109                     main(1, NULL);
110                     #elif defined(_WIN32) || defined(WIN32) //Windows环境
111                     main();
112                     #endif
113                 }
114                 else if (ch == 'n' || ch == 'N')
115                 {
116                     GT_CursorJumpSet(2 * (COL / 3), ROW / 2 + 5);
117                     exit(EXIT_SUCCESS);
118                 }
119                 else
120                 {
121                     GT_CursorJumpSet(2 * (COL / 3), ROW / 2 + 4);
122                     fprintf(stdout, "Selection error, please select again");
123                 }
124             }
125         }
126     }
127     return JUDGESCORENOTOVER;
128 }
```

课后习题

一、选择题

1. 下列程序运行后输出的 a、b 的值是（   ）。

```c
int main() {
    int a=1,b=0;
    if(a++>=2)b=a;
    printf("%d %d\n",a,b);
    return 0;
}
```

A. 1 0　　　　　　B. 2 0　　　　　　C. 1 1　　　　　　D. 2 1

2. 下列程序运行后的结果是（   ）。

```c
int main() {
    int x=1,y=3,z=5,t=0;
    if(x<y)
        if(y>z) t=10;
        else t=20;
        else t=50;
    printf("%d\n",t);
    return 0 ;
}
```

A. 0　　　　　　B. 10　　　　　　C. 20　　　　　　D. 50

3. 下列程序运行后的结果是（   ）。

```c
int main() {
    int x=7,y=3,t=0;
    if(x<y)
        t=x;x=y;y=t;
    printf("%d %d\n",x,y);
    return 0 ;
}
```

A. 3 7　　　　　　B. 7 3　　　　　　C. 7 0　　　　　　D. 3 0

4. 下列程序运行后的结果是（   ）。

```c
int main() {
    int m=6,n=1;
    if(m>=n)
        m++,n=m-n;
    else
        n++;m=m-n;
    printf("%d %d\n",m,n);
    return 0 ;
}
```

A. 1 6　　　　　　B. 6 1　　　　　　C. 7 6　　　　　　D. 0 7

5. 下列程序运行后的结果是（   ）。

```c
int main() {
    int m='c',a=0,b=0;
    switch(m){
        case 'a':a++;
```

```
    case 'A':b++;
    default:b+=10;
    case 100:a+=10;break;
    case 'c':a+=5;b=+3;
    }
    printf("%d  %d\n",a,b);
    return 0 ;
}
```

   A. 11 11   B. 0 10   C. 0 0   D. 5 3

二、编写程序

1. 输入 4 个整数存放于变量 a、b、c、d 中，使用单分支 if 结构，将这 4 个整数按照从小到大的顺序输出。

2. 有一个函数如下。

$$y = \begin{cases} x, & x < 0, \\ 2x+1, & 0 \leqslant x < 10, \\ 3x-7, & x \geqslant 10. \end{cases}$$

要求输入 x 后，输出对应的 y 值。

3. 根据一个人的体重（单位：kg）和身高（单位：m）计算出他的身体质量指数（Body Mass Index，BMI），BMI=体重（kg）/身高（m）的平方。如果 BMI<18.5，则体重过低；如果 18.5≤BMI<24，则体重正常；如果 24≤BMI<28，则体重超重；如果 BMI≥28，则属于肥胖。输入一个人的体重和身高，计算出他的 BMI 数据，并输出他的 BMI 属于哪一种情况。

单元6
循环结构程序设计

06

知识目标
1. 掌握C语言中while、do-while以及for循环语句的执行流程和使用方法。
2. 掌握3种循环语句各自的特点。
3. 掌握循环语句的嵌套、break语句、continue语句的使用方法。

能力目标
1. 具有分析、获得循环结束的条件的能力。
2. 具有熟练使用while、do-while、for循环结构的能力。
3. 具有使用循环结构解决实际生活中的简单问题的能力。

素质目标
1. 提升灵活应变能力。
2. 培养求真求实意识。

单元任务组成
本单元主要学习while循环、do-while循环、for循环、循环嵌套、break语句、continue语句的使用方法等内容，任务组成情况如图6-1所示。

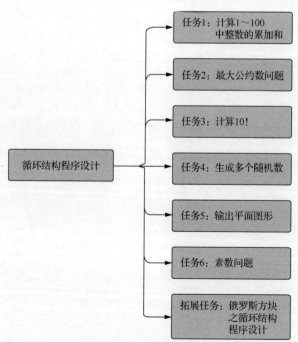

图6-1 单元6任务组成情况

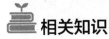 **任务 1** 计算 1～100 中整数的累加和

任务目标

使用 while 循环结构计算 1～100 中整数的累加和。

相关知识

知识点 1：while 循环结构的一般格式

C 语言中的 while 循环结构当条件为真时执行循环体语句，否则结束循环，转到下一结构继续向下执行。while 循环结构的一般格式如下。

```
while(表达式)
    循环体语句；
```

该结构的执行过程：首先计算表达式的值，当表达式的值为真（即非 0）时，执行循环体语句，然后重新计算 while 后面的表达式。当表达式的值为假（即 0）时，退出循环，继续执行 while 循环后面的语句。

while 循环结构执行流程图如图 6-2 所示。

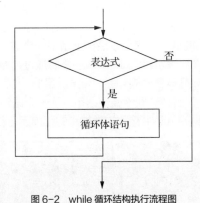

图 6-2　while 循环结构执行流程图

知识点 2：使用 while 循环结构的注意事项

使用 while 循环结构的注意事项如下。

（1）while 循环结构中的表达式无特别要求，只要是合法的、有意义的表达式即可。

（2）如果循环体语句只有一个，则可以不用"{}"括起来，但如果是多个语句组成的循环体语句，则需使用"{}"括起来，形成复合语句，否则 while 只控制其后面的一个语句。

（3）while 循环是前测试循环（即在执行循环体语句前计算表达式的值），其循环体语句有可能一次都不执行。

（4）应注意选择合适的循环条件，尽量避免死循环。但需要 while 表达式的值永远为真时，需在循环体内有退出循环执行的语句，否则会形成死循环。

（5）强制结束死循环可以按 Ctrl+C 组合键。

> **思考**　如何使用 while 循环结构处理两个正整数的最大公约数和最小公倍数问题？

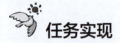 **任务实现**

本任务从 1 到 100 进行累加，总共 100 项，首先需要使用一个变量 sum 来存放累加的结果，要考虑这个变量能够存放的数的范围是否符合结果值的大小的需要。这 100 项需要累加的数是有一定规律的：第 1 个数是 1，从第 2 个数开始，后面要加的数是在前一个数的基础上加 1，因此需要一个变量 i 来存放每一项的数值，后面的数可以用 i++ 来实现在前一个数的基础上加 1 的操作，同时变量 i 在其中用来控制循环的次数，当 i 的值为 101 时，i 的值不能再累加到 sum 中，表示累加工作到此结束，输出累加结果所在的变量 sum 的值即可。

```
1    #include <stdio.h>
2    int main(){
3        int i,sum=0;              //i 用于控制相加的数，sum 用于存放累加和
4        i=1;                      //开始进行相加
5        while(i<=100) {           //能够相加的条件控制
6            sum=sum+i;            //将目前的 i 的值累加到 sum 中
7            i++;                  //准备下一个要加的数，同时控制循环次数
8        }
9        printf("sum=%d\n",sum);   //输出累加结果
10       return 0;
11   }
```

程序的第 5～8 行是一个完整的 while 循环语句，它只是 C 语言中循环语句的一种。变量 i 的值是需要变化的，当 i=1 时，i<=100 是成立的，称为"条件满足"，执行其循环体中的内容，sum=sum+i，将 i 的最新值累加到 sum 中，目前这个数累加以后要准备下一个数，这由 i++; 语句来完成。新的数产生了，但是这个新的 i 值能不能被累加到 sum 中，还需要通过判断此时 i 的值是不是满足 i<=100 的条件来确定，因此需回到 while 循环条件去判断，如果满足 i<=100，则继续执行该 while 循环语句的循环体，否则结束循环的执行，自动转到该循环语句的下一个语句（即第 9 行）去执行。程序的第 9 行用于输出累加结果。计算 1～100 中整数的累加和的程序运行结果如图 6-3 所示。

图 6-3　计算 1～100 中整数的累加和的程序运行结果

任务 2　最大公约数问题

任务目标

输入 2 个正整数，输出它们的最大公约数。需要对输入的数据进行判断，只有输入的 2 个数都是正整数时才能求最大公约数；否则继续输入，直到 2 个数都是正整数，采用 do-while 循环结构实现此功能。

相关知识

知识点 1：do-while 循环结构的一般格式

C 语言中的 do-while 循环结构在条件为真时继续执行循环体语句，否则结束循环的执行，转到

下一语句继续执行。do-while 循环结构的一般格式如下。

```
do{
    循环体语句;
} while(表达式);
```

该结构的执行过程：首先执行循环体，然后计算表达式的值，当表达式的值为真（即非 0）时，执行循环体语句，最后重新计算 while 后面的表达式。当表达式的值为假（即 0）时，退出循环，继续执行 do-while 循环后面的语句。

do-while 循环结构执行流程图如图 6-4 所示。

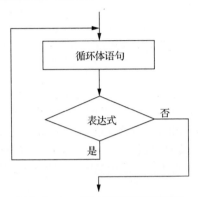

图 6-4   do-while 循环结构执行流程图

知识点 2：使用 do-while 循环结构的注意事项

使用 do-while 循环结构的注意事项如下。

（1）do-while 循环结构的表达式的圆括号后面必须加分号。

（2）对于 do-while 循环结构，不管它的循环体部分是一个语句还是多个语句，都尽可能地使用 "{}" 括起来；如果是一个语句，则理论上是可以不用 "{}" 括起来的，但如果是多个语句组成的循环体语句，则必须使用 "{}" 括起来，形成复合语句，否则会出错。

（3）do-while 循环是先执行循环体，后测试循环条件（在执行循环体语句后才计算表达式的值），其循环体语句至少执行一次。

（4）应注意选择合适的循环条件，尽量避免死循环。

（5）一般情况下，while 循环与 do-while 循环可以互相改写，但要注意条件的适用性，因为 while 循环的循环体有可能一次也不执行，而 do-while 的循环体至少要被执行一次，即使执行完后发现条件不满足。在可能的情况下，尽量采用前测试循环的 while 循环结构。

思考   如何编写程序，分别完成 1～25 中奇数之和以及偶数之积的计算？

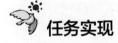 任务实现

先输入 2 个正整数，同时为了后续计算最小公倍数，对这 2 个正整数进行备份，然后采用辗转相减法计算其最大公约数，最后得到运行结果。

```
1    #include <stdio.h>
2    int main(){
3        int a,b,m,n;
```

```
4         do {
5             printf("请输 2 个正整数: ");
6             scanf("%d%d",&a,&b);              //输入 2 个正整数
7         }while(a<=0 || b<=0);                 //当 a≤0 或者 b≤0 时需要重新输入
8         m=a;n=b;                              //备份初始值,输出时使用
9         while(a!=b) {                         //a!=b 时需要辗转相减
10            if(a>b)
11                a=a-b;                        //a>b 时,使 a 减小
12            else
13                b=b-a;                        //b>a 时,使 b 减小
14        }
15        printf("%d 和%d 的最大公约数是: %d\n",m,n,a); //a 或者 b 的值就是最大公约数
16        return 0;
17    }
```

程序对输入的 a、b 的值有必须大于 0 的要求,完成这一任务的是第 4~7 行的这一段代码。它是一个完整的 do-while 循环语句,是一种后测试循环。do 开始没有条件地执行花括号内的语句,即输入 2 个变量的值,循环体语句结束后,执行花括号后 while 条件部分,此时才判断条件,当满足条件时,重新回到 do 并继续执行循环体语句;当输入的 a、b 的值都为正整数时,不满足 while 后面的条件,即此时的条件表达式的值为假,退出循环结构的执行,自动转到该循环语句的下一个语句(即第 8 行)去执行。

假设输入的 2 个整数是 18 和 24,最大公约数问题的程序运行结果如图 6-5 所示。

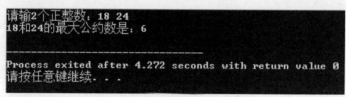

图 6-5　最大公约数问题的程序运行结果

任务 3　计算 10!

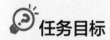 任务目标

使用 for 循环结构计算 10!。

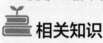 相关知识

知识点 1: for 循环结构的一般格式

在 C 语言的循环结构中,for 循环结构也需要在执行循环体前计算测试条件(即前测试循环)。for 循环结构的应用最为灵活,不仅可以用于循环次数已知的情况,还可以用于只给出循环条件而不知循环次数的情况。

for 循环结构的一般格式如下。

```
for(表达式 1;表达式 2;表达式 3)
    循环体语句;
```

该结构的执行过程:首先计算表达式 1 的值,再计算表达式 2 的值,当表达式 2 的值为真(即

非 0）时，执行整个循环体语句，然后计算表达式 3 的值，再重新计算表达式 2 的值；如果此时表达式 2 的值仍然为真，则继续执行循环体语句，如此反复，直到表达式 2 的值为假（即 0）时退出循环，继续执行 for 循环结构后面的语句。

for 循环结构执行流程图如图 6-6 所示。

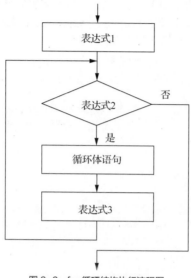

图 6-6　for 循环结构执行流程图

知识点 2：使用 for 循环结构的注意事项

使用 for 循环结构的注意事项如下。

（1）for 循环结构中的表达式 1、表达式 2 可以是简单表达式或者逗号表达式，表达式 2 通常是控制是否执行循环体语句的条件表达式，其值为真或假。

（2）for 循环结构中的各表达式都可以省略，但是作为 3 个表达式间隔符的分号不能省略。结构形式 for(;表达式 2;表达式 3)、for(表达式 1;;表达式 3)、for(表达式 1;表达式 2;)、for(;;)都是合法的。如果省略表达式 1，则需要在 for 循环结构的前面完成循环的初始化工作；如果省略表达式 2，则相当于该 for 循环的循环条件永远为真，为了不造成死循环，循环体中至少要有一个语句能够根据情况退出循环；如果省略表达式 3，则需要在循环体中有改变循环变量的语句，以便结束循环的执行。

（3）如果循环体语句只有一个，则可以不用"{}"括起来，但如果是多个语句组成的循环体语句，则需使用"{}"括起来，形成复合语句，否则 for 只控制其后面的一个语句。

（4）for 循环是前测试循环（即在执行循环体语句前计算表达式 2 的值），其循环体语句有可能一次都不执行。

> **思考**　关于 for(表达式 1;表达式 2;表达式 3)语句的说法中正确的是（　　　）。
> A. 表达式 1 是必须存在的
> B. 表达式 2 只能是关系表达式或者逻辑表达式
> C. 表达式 3 可以没有
> D. 计算表达式 2 后，立即计算表达式 3 的值

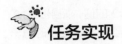 **任务实现**

本任务将从 1 到 10 进行累乘，总共 10 项，即有 10 个数相乘。首先需要考虑使用一个变量 mul 来存放累乘的结果，此时，要考虑到这个变量能够存放的数的范围是否符合结果值大小的需要。这 10 项需要乘的数是有一定的规律的：第 1 个数是 1，从第 2 个数开始，后面要乘的数是在前一个数的基础上加 1，因此需要一个变量 i 来存放每一项的数值，后面的数就可以用 i++ 来实现在前一个数的基础上加 1，同时变量 i 用来控制循环的次数，当 i 的值为 11 时，i 的值不能再累乘到 mul 中，表示累乘工作到此结束，输出累乘结果所在的变量 mul 的值即可。

```
1    #include <stdio.h>
2    int main(){
3        int i;                    //i 变量有 2 个作用：每一项的乘数、循环次数的控制
4        long mul=1;               //用于存放累乘结果，累乘的初值为 1
5        for(i=1;i<=10;i++)        //用于控制循环 10 次
6            mul=mul*i;            //累乘语句
7        printf("1～10 的累乘结果是: %ld\n",mul);
8        return 0;
9    }
```

程序的第 5、6 行是一个完整的简单的循环语句。在第 5 行的 for 语句中，"i=1" 为表达式 1，"i<=10" 为表达式 2，"i++" 为表达式 3。执行该语句时，首先计算赋值表达式 "i=1" 的值，然后计算表达式 2 "i<=10" 的值。因为现在 i=1，所以 "i<=10" 的结果为真，应该执行 for 语句的循环体 "mul=mul*i;"，将 i 的值累乘后存放到变量 mul 中。这一次的循环体执行结束后，会转到 for 语句中的表达式 3 "i++" 进行计算，使得 i 的值为 2，并继续计算 for 语句中表达式 2 "i<=10" 的值，因为 i=2，所以该表达式仍然为真，继续执行 for 语句的循环体，直到 i 的值为 11 时，for 语句中表达式 2 "i<=10" 的值为假，这时才结束 for 语句的执行，自动转到该循环语句的下一个语句（即第 7 行）继续执行。程序的第 7 行用于输出累乘结果。计算 10!的程序运行结果如图 6-7 所示。

图 6-7　计算 10!的程序运行结果

任务 4　生成多个随机数

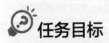 **任务目标**

使用 for 循环结构和随机数知识生成多个随机数。

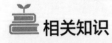 **相关知识**

知识点：生成随机数的函数

C 语言中生成随机数涉及两个函数，一个是 srand()函数，另一个是 rand()函数。使用这两个函数时，需要在程序中加入头文件"stdlib.h"。

（1）srand()：该函数用于在程序运行时产生不同的随机数种子，便于在每次运行 rand()函数时能获得真正不同的随机数。其中的参数是一个整数，可以用 time(0)作为 srand()函数的种子，但程序中必须加入头文件"time.h"。srand()函数用于程序中时可写为 srand((int)time(0))。

（2）rand()函数：调用该函数时，会根据 srand()函数提供的随机数种子返回 0～RAND_MAX 的随机数值，RAND_MAX 定义在 stdlib.h 中，其值为 2147483647。这样一个很大范围的随机数不太实用，必须经过一定的处理得到程序需要的随机数。假设需要[a,b]的随机整数，可以通过表达式"rand()%(b-a+1)+a"计算获得。例如，产生[0,9]的彩票号码的数字时，相应的表达式可写为"rand()%(9-0+1)+0"，即"rand()%10"。

 任务实现

如果希望生成 7 个随机数，每次产生 1 个数字，那么需要生成 7 次，因为次数是已知的，所以可以使用 for 循环结构来完成。产生随机数使用 rand()函数实现。

```
1    #include <stdio.h>
2    #include <stdlib.h>                    //预处理 srand()函数
3    #include <time.h>                      //预处理 time()函数
4    int main(){
5        int i;                            //循环变量
6        srand((int)time(0));             //产生不同的随机数种子
7        printf("准备生成 7 个随机数\n");
8        for(i=1;i<=7;i++)                 //循环 7 次
9            printf("%d  ",rand()%10);     //产并输出生 0～9 的随机数
10       printf("\n 这 7 个随机数中有您的幸运数字吗？希望您喜欢。\n");
11       return 0;
12   }
```

程序的第 6 行的作用是在每一次程序运行时，随着时间函数值的不同产生不同的随机数种子，只有这样才能在每次运行时产生不同的随机数序列，获得不同的数字；第 8、9 行的 for 循环结构循环 7 次，产生并输出 7 个号码。生成多个随机数的程序运行结果如图 6-8 所示。

图 6-8　生成多个随机数的程序运行结果

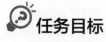 **任务 5** 输出平面图形

任务目标

使用循环结构的嵌套，输出由*组成的图形。

```
* * * * * * * * * *
* * * * * * * * * *
* * * * * * * * * *
* * * * * * * * * *
```

 相关知识

知识点：循环结构的嵌套

在循环体中又包含另一个完整循环结构的情况称为循环的嵌套。while 循环结构、do-while 循环结构以及 for 循环结构之间都可以相互嵌套，形成多重循环。下面几种形式都是合法的。

```
①while()                  ②for()
   { …                       { …
     while()                   while()
     { … }                     { … }
   }                         }
③for()                    ④for()
   { …                       { …
     do{                       for()
     … } while();              { … }
   }                         }
```

理论上讲，嵌套的层次没有限制，但不宜太多，应视情况而定。

任务实现

整个图形有 4 行，每行有 10 个 *。使用 4 次外循环来输出 4 行 *，在输出每一行的 * 时再使用 10 次循环输出同一行中的 10 个 *，每一次输出一个 *。

```
1     #include <stdio.h>
2     int main(){
3         int i,j;
4         for(i=0;i<4;i++){      //i 用于控制行输出
5         for(j=0;j<10;j++)      //j 用于控制每一行中 10 个*的输出
6             printf(" *");
7         printf("\n");          //每一行输出 10 个*后换行，为下一行输出做准备
8         }
9         return 0;
10    }
```

程序的第 4～8 行是一个完整的 for 循环结构，它的循环体是一个用"{}"括起来的复合语句，因为在外循环的循环体中要包含两个部分：一部分是使用其中嵌套的 for 语句先循环输出 10 个*，另一部分是在输出每一行的 10 个*后需要将输出位置换行，为输出下一行的*做准备。而内循环的 for 循环结构中只用一个 printf()函数完成连续输出*的任务，所以不用"{}"括起来。在这个程序中，变量 i 的值只是从 0 变到 4，而 j 的值经历了 4 次从 0 变到 10，显然，j 值的变化频率比 i 值快。输出平面图形的程序运行结果如图 6-9 所示。

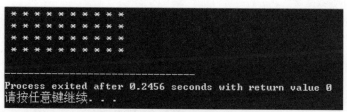

图 6-9　输出平面图形的程序运行结果

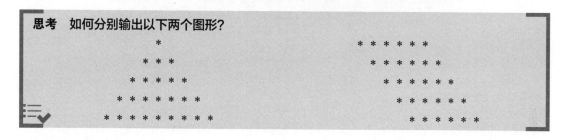

任务 6　素数问题

任务目标

输入一个自然数 m，判断并输出其是否为素数。

相关知识

知识点 1：break 语句

break 语句的一般格式如下。

```
break;
```

break 语句可用于 while、do-while、for 和 switch 语句中，其主要作用是跳出直接包含本 break 语句的循环结构或 switch 语句，转去执行后面的语句。其可与 if 语句配合使用。

知识点 2：continue 语句

continue 语句的一般格式如下。

```
continue;
```

continue 语句的作用是结束本次循环，即忽略循环体中 continue 语句之后的语句，继续转入下一次循环条件的判断与执行。它只是结束本次循环，并不是跳出循环，而 break 语句是跳出循环。其可与 if 语句配合使用。

任务实现

素数又称为质数，是指只能被 1 和它本身整除的自然数。如果 m 不能被 2～$m-1$ 这个除数段中的每一个整数整除，则 m 是素数；如果 m 能被 2～$m-1$ 这个除数段中的至少一个整数整除，则 m 不是素数。m 为被除数，除数是 2～$m-1$，但是大家知道，除数的上限值不需要到 $m-1$，实际上到 $\sqrt{m}$

的整数值即可，即除数是 $2\sim\sqrt{m}$ 。

```
1    #include <stdio.h>
2    #include <math.h>                    //数学函数头文件
3    int main(){
4        int i,m,n;
5        printf("请输入一个≥2的自然数: ");
6        scanf("%d",&m);
7        n=(int)sqrt(m);                   //获得除数段的上限值 √m
8        for(i=2;i<=n;i++)                 //2~n，表示除数段
9            if(m%i==0)break;              //发现 m 能被其中的一个整数整除，终止循环
10       if(i>n)                           //m 不能被 2~n 中的每个整数整除，则 m 是素数
11           printf("%d 是素数。\n",m);
12       else                              //m 能被 2~n 中的至少一个整数整除，则 m 不是素数
13           printf("%d 不是素数。\n",m);
14       return 0;
15   }
```

程序的第 2 行引入了数学函数头文件，用于解释第 7 行中的 sqrt(m)，sqrt()函数用于数学上的开平方根；第 9 行 if(m%i==0)break;是假设已经发现 m 能被 $2\sim\sqrt{m}$ 除数段中的一个整数整除，则已经能够确定 m 不是素数，没有继续循环后面除数的必要，可以终止循环的执行，根据整除的条件中断循环的继续执行，这时循环变量 i 的值肯定在 $2\sim\sqrt{m}$ 的闭区间内，如果循环执行能够正常结束，即 i 的值超过 $\sqrt{m}$（即程序第 10 行的 i>n），则说明没有发现能够整除 m 的整数，故 m 是素数。

假设输入的 m 为 17，素数问题的程序运行结果如图 6-10 所示。

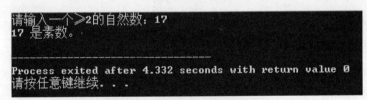

图 6-10　素数问题的程序运行结果

拓展任务　俄罗斯方块之循环结构程序设计

使用循环结构实现俄罗斯方块游戏中启动游戏、画游戏方块功能。

拓展任务 1：俄罗斯方块之启动游戏

在俄罗斯方块程序中，启动游戏部分使用了 while 和 for 循环结构，代码如下。

```
1    /*********************************************
2     * 描述: 启动俄罗斯方块游戏
3     * 参数: NULL
4     * 返回值: void
5     *********************************************/
6    void_t GT_StartGameTetris()
7    {
8        //随机获取方块的形状和形态
9        int64_t shape = rand() % 7, form = rand() % BLOCK_COL_LEN;
```

```
10
11      loop
12      {
13          int64_t t = 0;
14      //随机获取下一个方块的形状和形态
15      int64_t nextShape = rand() % BLOCK_ROW_LEN, nextForm = rand() % BLOCK_COL_LEN;
16          int64_t x = COL / 2 - 2, y = 0;
17          GT_BlockSetColor(nextShape);
18          GT_DrawBlock(nextShape, nextForm, COL + 3, 3);
19          loop
20          {
21              GT_BlockSetColor(shape);
22              GT_DrawBlock(shape, form, x, y);
23              if (t == 0)
24              {
25                  //这里的 t 越小，表示方块下落越快（可以据此设置游戏难度）
26                  t = FALL_VELOCITY;
27              }
28              while (--t)
29              {
30                  //若键盘被敲击，则退出循环
31                  if (kbhit() != 0)
32                      break;
33              }
34              //键盘未被敲击
35              if (t == 0)
36              {
37                  if( GT_LegalJudgment(shape, form, x, y + 1) == 0)
38                  {
39                      for (int64_t i = 0; i < BLOCK_COL_LEN; i++)
40                      {
41                          for (int64_t j = 0; j < BLOCK_COL_LEN; j++)
42                          {
43                              if (block_var[shape][form].space_info[i][j] == 1)
44                              {
45                                  data_info_var.block_flag[y + i][x + j] = 1;
46                                  data_info_var.color_encode[y + i][x + j] = shape;
47                              }
48                          }
49                      }
50                      //判断此次方块下落是否得分以及游戏是否结束
51                      while (GT_JudgeScoreOrOver());
52                          break; //跳出当前死循环，准备下一个方块的下落
53                  }
54                  //未到底部
55                  else
56                  {
57                      GT_DrawSpace(shape, form, x, y);
58                      y++;
59                  }
```

```
60                        }
61            //键盘被敲击
62            else
63            {
64                //读取键盘值
65                char c = getch();
66                switch (c)
67                {
68                //按方向键: 下
69                case DOWN:
70                    //判断方块向下移动一位后是否合法
71                    if( GT_LegalJudgment(shape, form, x, y + 1) == 1)
72                    {
73                        GT_DrawSpace(shape, form, x, y);
74                        y++;
75                    }
76                    break;
77                //按方向键: 左
78                case LEFT:
79                    //判断方块向左移动一位后是否合法
80                    if( GT_LegalJudgment(shape, form, x - 1, y) == 1)
81                    {
82                        GT_DrawSpace(shape, form, x, y);
83                        x--;
84                    }
85                    break;
86                //按方向键: 右
87                case RIGHT:
88                    if( GT_LegalJudgment(shape, form, x + 1, y) == 1)
89                    {
90                        GT_DrawSpace(shape, form, x, y);
91                        x++;
92                    }
93                    break;
94                //按空格键
95                case SPACE:
96        if( GT_LegalJudgment(shape, (form + 1) % BLOCK_COL_LEN, x, y + 1) == 1)
97                    {
98                        GT_DrawSpace(shape, form, x, y);
99                        y++;
100                       form = (form + 1) % BLOCK_COL_LEN;
101                   }
102                   break;
103               //按Esc键
104               case ESC:
105                   system("cls");
106                   GT_BlockSetColor(WHITE_SHAPE);
107                   GT_CursorJumpSet(COL, ROW / 2);
108                   fprintf(stdout, " GAME OVER ");
109                   GT_CursorJumpSet(COL, ROW / 2 + 2);
```

```
110                     exit(EXIT_SUCCESS);
111             //暂停
112             case 's':
113             case 'S':
114                 system("pause>nul");
115                 break;
116             //重新开始
117             case 'r':
118             case 'R':
119                 system("cls");
120                 #ifdef __unix__                      //UNIX/Linux 环境
121                 main(1, NULL);
122                 #elif defined(_WIN32) || defined(WIN32) //Windows 环境
123                 main();
124                 #endif
125             }
126         }
127     }
128         //获取下一个方块的信息
129         shape = nextShape, form = nextForm;
130         //将右上角的方块信息用空格覆盖
131         GT_DrawSpace(nextShape, nextForm, COL + 3, 3);
132     }
133 }
```

拓展任务 2：俄罗斯方块之画游戏方块

在俄罗斯方块程序中，画游戏方块部分使用了 for 循环结构实现程序的功能，代码如下。

```
1   /*****************************************************
2    * 描述: 画游戏方块
3    * 参数:
4    *    shape——形状
5    *    form——形态
6    *    x——x 轴
7    *    y——y 轴
8    * 返回值: void
9    *****************************************************/
10  void_t GT_DrawBlock(int64_t shape, int64_t form, int64_t x, int64_t y)
11  {
12      for (int64_t i = 0; i < BLOCK_COL_LEN; i++)
13      {
14          for (int64_t j = 0; j < BLOCK_COL_LEN; j++)
15          {
16              if (block_var[shape][form].space_info[i][j] == 1)
17              {
18                  GT_CursorJumpSet(2 * (x + j), y + i);
19                  fprintf(stdout, "■");
20              }
21          }
22      }
23  }
```

在启动游戏部分的第 28～33 行、第 51～53 行使用了 while 循环结构，第 39～49 行使用了 for 循环结构，在画游戏方块部分的第 12～22 行使用了 for 循环结构实现程序逻辑。

课后习题

一、选择题

1. 以下关于循环语句的说法中错误的是（　　　）。

    A. while 循环结构和 for 循环结构中的循环体有可能一次也不执行

    B. for 循环结构中的循环条件只能是很简单的关系表达式

    C. do-while 循环结构中的循环体至少要被执行一次

    D. 3 种循环结构可以互相嵌套

2. 以下程序的运行结果是（　　　）。

```c
int main() {
    int s=0,i=1;
    while(i<=10) {s=s+i;i=i+2;}
    printf("s=%d\n",s);
    return 0;
}
```

    A. s=55　　　　　　　B. s=25　　　　　　　C. s=0　　　　　　　D. s=30

3. 以下程序的运行结果是（　　　）。

```c
int main() {
    int m=5;
    while(--m)    {printf("*"); m--; }
    return 0;
}
```

    A. ****　　　　　　　B. ***　　　　　　　C. **　　　　　　　D. *

4. 以下程序的运行结果是（　　　）。

```c
int main() {
    int i=0,s=0;
    while(i<=4){
        i++;
        switch(i%2){
            case 0:s=s*i;break;
            case 1:s=s+i;
        }
    }
    printf("%d\n",s);
    return 0;
}
```

    A. 25　　　　　　　　B. 29　　　　　　　　C. 24　　　　　　　　D. 57

5. 以下程序的运行结果是（　　　）。

```c
int main(){
    int i=0,m=0;
    for(;i<=10;i++)
    {
        if(i%3==0)continue;
        else {
```

```
        if(i%5==0)continue;
        else m=m+i;
        if(m%10==0)break;
    }
}
printf("%d\n",m);
return 0;
}
```

  A．10   B．22   C．37   D．55

二、编写程序

1．已知 $s=1-1/2+1/3-1/4+...+1/49-1/50$，求 s 的值。

2．输入任一正整数，输出其各位数字之和以及它是一个几位数。

3．输出能被 7 整除且百位、十位、个位上数字都不相同的 3 位数。

4．编程输出斐波那契数列 1,1,2,3,5,8,13,21...的前 30 项，要求每行输出 5 个数。

5．A、B、C、D 各代表一个十进制数字，并存在 ABCD-CDC=ABC 的数学关系，编程求出 A、B、C、D 的值。

单元7
数组

知识目标

1. 了解数组的概念。
2. 掌握一维数组的定义及使用方法、二维数组的定义及使用方法。
3. 掌握字符数组的定义及使用方法、字符串常用函数。

能力目标

1. 能够定义一维数组，访问数组元素和遍历一维数组。
2. 能够定义二维数组，访问数组元素和遍历二维数组。
3. 能够使用字符数组和字符串函数编写简单程序。

素质目标

1. 树立正确的职业观。
2. 提升数据处理能力。

单元任务组成

本单元主要学习一维数组、二维数组、字符数组和字符串函数等内容，任务组成情况如图7-1所示。

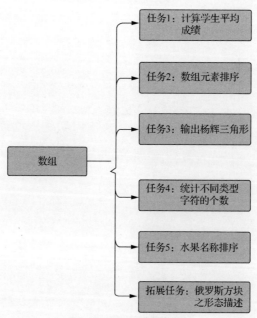

图 7-1　单元 7 任务组成情况

任务 1 计算学生平均成绩

任务目标

根据某班 50 人的某门课程的成绩，求出该班的平均成绩，并统计超过平均成绩的人数。

相关知识

知识点 1：一维数组定义

程序中经常会存储一些相同类型的数据，如全班学生的成绩，全国各省（自治区、直辖市）的人口等。假设用简单数据类型的变量（如整数、小数等）来进行存储，如果班上有 30 名学生，则要定义 30 个不同名称的变量，如果有 1000 名学生，则要定义 1000 个不同名称的变量，采用这样的方式来批量存储同类型数据在实际编程中是不可取的。这时需要在简单数据类型的基础上使用另外一种称为数组的构造数据类型，以使编写程序更加方便，达到事半功倍的效果。

数组是相同类型的元素构成的有序集合，所谓"有序"指的是数组中的元素都有一个索引号标示该元素在数组中的位置，所有元素按照索引号从小到大的顺序依次排列。索引号也称为下标，下标从 0 开始。数组元素本质上就是一个变量，也称为下标变量。

数组通常分为一维数组、二维数组和多维数组（三维及三维以上的数组）。

通过一个下标就可以唯一地确定数组中的一个数，这种数组称为一维数组。在 C 语言中，数组与变量一样，必须先定义后使用。

（1）一维数组定义格式

定义一维数组的一般格式如下。

数据类型说明符　数组名[整型表达式];

（2）格式说明

① 数据类型说明符表示数组中所有元素的数据类型。数据类型可以是 C 语言中合法的数据类型，如 int、float、double、char、指针、结构体等类型。

② 数组的命名规则与变量的命名规则完全相同。

③ 整型表达式的值表示定义数组的长度，即数组中能够存放的数据元素的个数，该表达式必须有确定的值。在 C 语言中，定义的数组的长度只能是定长的，而不能是可变的。例如，定义 int a[10]，10 表示 a 数组中有 10 个元素，下标从 0 开始，到 9 结束。

④ 数组元素在内存中是连续存放的。例如，定义 int s[10]，数组元素 s[0]、s[1]...s[9] 的存储如图 7-2 所示。

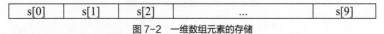

| s[0] | s[1] | s[2] | ... | s[9] |

图 7-2　一维数组元素的存储

一维整型数组的定义如应用举例 7-1 所示。

应用举例 7-1：一维整型数组的定义

```
1  #include <stdio.h>          //程序的预处理命令
2  int main()                  //程序的主函数
3  {
4      int a[10];              //声明一个名为 a 的整型数组，数组长度为 10
5      int count = 1000;       //声明一个名为 count 的整型变量，初值为 1000
6      int b[count];           //数组长度是一个整型变量
7  }
```

程序的第4行定义了整型数组a，长度为10；第5行定义了整型变量count，初值为1000；第6行定义了整型数组b，长度由变量count指定，count的值是1000，所以数组b的长度就是1000。

知识点2：一维数组元素的引用

在C语言中，通过对数组元素的引用达到使用数组的目的。C语言规定，对于数值型数组，不能一次性引用整个数组，只能引用数组元素；对字符型数组来说，除了可以引用数组元素外，还可以一次性引用整个字符数组。

（1）一维数组元素的引用形式

数组名[下标表达式]

（2）引用说明

① 下标表达式可以是整型常量或者整型表达式。如定义 float x[50]，则 x[0]、x[2*5]、x[i+j] 等都是合法的，当然，此时要求表达式 i+j 的值为整型数据，且下标表达式的结果不能超过可以使用的最大下标值。

② 一个数组元素实际上就是一个变量，代表内存中的一个存储单元。

③ 数组的最小下标为0，最大下标为元素的个数减1。但在C语言中使用数组时，系统并不检查数组的下标是否越界，如果真的越界，则程序仍然可以运行，但操作的已经不是数组所占用的存储空间。因此，在使用数组时，需要注意数组下标是否越界。

访问一维数组元素如应用举例7-2所示。

应用举例7-2：访问一维数组元素

```
1    #include <stdio.h>              //程序的预处理命令
2    int main()                      //程序的主函数
3    {
4        int a[2];
5        scanf("%d%d",&a[0],&a[1]);
6        printf("%d%d",a[0],a[1]);
7    }
```

程序的第4行定义了整型数组a，长度为2，包含两个元素a[0]和a[1]；第5行输入两个整数并存放到a[0]和a[1]中；第6行输出a[0]和a[1]的值。因为a[0]和a[1]在本质上就是两个整型变量，所以第5行和第6行中的输入/输出格式与使用整型变量时一样。

输入10和20两个数，应用举例7-2运行结果如图7-3所示。

图7-3 应用举例7-2运行结果

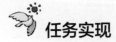

任务实现

本任务有50个原始数据，如果使用简单变量来存放这些数据，则至少需要50个变量。采用输入或者赋值的方法将成绩存入变量中，将需要几十个语句来完成，这显然是不现实的。这50个数据是一个班级的学生的成绩，数据类型相同且相关联，可以用 n_1、n_2...n_{50} 分别表示第1名、第2名……第50名学生的成绩，不仅关系清楚，还可以通过不同的下标来访问不同的成绩变量。在C语言中，n_1、n_2...n_{50} 可以用 n[1]、n[2]...n[50]来表示，这就是可以存放一组数的数组。采用数组来实现本任务会比较简单。

计算学生平均成绩的代码如下。

```
1     #include <stdio.h>
2     void main()
3     {
4         int inum[51],i;                    //inum 为一个具有 51 个连续的存储单元的数组
5         int sum=0,count=0;                 //sum 用于存放总成绩，count 用于统计人数
6         float aver;                        //存放平均成绩
7         printf("请输入 50 个成绩\n");
8         for(i=1;i<=50;i++)
9         {
10            scanf("%d",&inum[i]);          //输入的每一个成绩都存放于数组元素中
11            sum=sum+inum[i];               //每一个成绩累加
12        }
13        aver=sum/50.0;                     //求平均成绩
14        for(i=1;i<=50;i++)
15            if(inum[i]>aver)count++;       //统计超过平均成绩的人数
16        printf("平均成绩是: %.1f   超过平均成绩的人数是: %d\n",aver,count);
17    }
```

程序的第 4 行中的 int inum[51]表示在内存中为存放数据开辟 51 个连续的存储单元，为成绩的存放做准备；inum 称为数组，成绩存放在具有编号的数组元素中，如第 1 名学生的成绩存放在 inum[1] 中，第 2 名学生的成绩存放在 inum[2]中……以此类推。程序的第 10 行用于输入成绩，第 11 行用于将每一个成绩累加到变量 sum 中。程序的第 15 行将数组元素的值同平均值进行比较，超过平均成绩则执行 count++。语句 int inum[51],i;中定义的数组称为一维数组，即根据一个下标值就能够唯一地确定数组中的一个数据。计算学生平均成绩的程序运行结果如图 7-4 所示。

图 7-4   计算学生平均成绩的程序运行结果

任务 2 数组元素排序

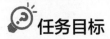 任务目标

数组 a 中已有数据，采用交换法对这 6 个数进行升序排列，输出排序后的数组中的数据。

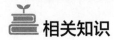 相关知识

知识点：一维数组的初始化

在真正使用数组以前，需要对数组进行初始化操作，也就是需要对数组元素赋初值。一旦定义一个数组，就会为其分配一段连续的内存空间，每一个数组元素所占用的字节数等于一个同类型变量所占用的字节数。如果不给数组赋初值，那么数组元素中的值是不确定的。对一维数组的初始化可以用以下方法实现。

在定义数组时可以直接为数组元素赋初值。

（1）数组元素完全赋初值

```
int a[5]={1,2,3,4,5};
```

"{}"中的值依次赋予 a[0]、a[1]、a[2]、a[3]、a[4]。

（2）省略数组长度

```
int b[]={1,2,3,4,5};
```

定义一维数组并同时赋初值时可以不指定数组长度，系统能够自动通过数据个数确定数组长度。

（3）部分元素赋初值

```
float c[10]={1};
```

因为"{}"中只有一个数字 1，这个值被赋予 c[0]元素，因此其余的元素 c[1]～c[9]的初值全部为 0。

（4）全部元素赋初值为 0

```
int d[5]={0}
```

以上在对数组元素赋初值时，初值个数不能大于数组长度，除了在定义数组时赋初值外，还可以根据实际情况的需要，在程序运行的过程中完成对数组元素的赋值。

数组元素赋初值如应用举例 7-3 所示。

应用举例 7-3：数组元素赋初值

```
1    #include <stdio.h>           //程序的预处理命令
2    int main()                   //程序的主函数
3    {
4        int a[5]={1,2,3,4,5};
5        int b[]={1,2,3,4,5};
6        int c[5]={1};
7        int d[5]={0};
8    }
```

程序的第 4 行定义了整型数组 a，5 个元素的值依次为 1、2、3、4、5；第 5 行定义了整型数组 b，b 的长度由后面的初值个数决定，也就是 5；第 6 行定义了整型数组 c，长度是 5，但初值只有一个，该初值 1 赋予 c[0]，所以 c[0]的值是 1，其他元素的值由系统自动初始化为 0；第 7 行定义了整型数组 d，长度是 5，但初值只有一个，该初值 0 赋予 d[0]，所以 d[0]的值是 0，其他元素的值由系统自动初始化为 0，这样所有元素的初值都为 0。应用举例 7-3 运行结果如图 7-5 所示。

```
数组a各元素的值：    1    2    3    4    5
数组b各元素的值：    1    2    3    4    5
数组c各元素的值：    1    0    0    0    0
数组d各元素的值：    0    0    0    0    0
------------------------------------
Process exited after 0.2196 seconds with return value 0
请按任意键继续. . .
```

图 7-5 应用举例 7-3 运行结果

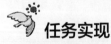

任务实现

交换法排序是对每一个位置上要排序的数与其后面的所有数进行大小比较，如果发现后面的数比当前位置上的数还小，则立即交换（因为本任务要求数据从小到大排列），否则不用交换。

具体操作如下。

（1）确定 a[0]元素的值：依次将 a[1]～a[5]的值同 a[0]的值比较，如果发现某个元素的值比 a[0]的值小，则立即将 a[0]与其交换。经过 5 次比较，确定 a[0]是所有元素中值最小的。

（2）确定 a[1]元素的值：依次将 a[2]～a[5]的值同 a[1]的值比较，如果发现某个元素的值比 a[1]的值小，则立即将 a[1]与其交换。经过 4 次比较，确定 a[1]是 a[1]～a[5]元素中值最小的元素，以此类推，直到确定最后一个元素。

下面假设有数组定义 int a[6]={23,56,20,38,27,19};，对数组 a 中的这 6 个数采用交换法排序（升序排列）的部分过程如表 7-1 所示。

表 7-1　交换法排序（升序排列）的部分过程

部分排序过程	数组元素						备注
	a[0]	a[1]	a[2]	a[3]	a[4]	a[5]	
初值	23	56	20	38	27	19	
a[1]>a[0]，不交换							各元素值不变
a[2]<a[0]，交换	20		23				
a[3]>a[0]，不交换							各元素值不变
a[4]>a[0]，不交换							各元素值不变
a[5]<a[0]，交换	19					20	确定 a[0]的值
a[2]<a[1]，交换		23	56				
a[3]>a[1]，不交换							各元素值不变
a[4]>a[1]，不交换							各元素值不变
a[5]<a[1]，交换		20				23	确定 a[1]的值
……							……

数组元素排序代码如下。

```
1    #include <stdio.h>
2    void main()
3    {
4        int a[6]={23,56,20,38,27,19};      //数组初始化
5        int i,j,t;
6        printf("排序前数组元素的值: ");
7        for(i=0;i<6;i++)                   //输出排序前的数组元素
8            printf("%5d",a[i]);
9        printf("\n");
10       for(i=0;i<5;i++)                   //6 个数字排序，外层循环 5 次，下标为 0～4
11           for(j=i+1;j<6;j++)            //比较从后面一个数字开始，下标为 i+1～5
12               if(a[j]<a[i])              //后面的数字比当前的数字小
13                   t=a[i],a[i]=a[j],a[j]=t;
14       printf("排序后数组元素的值: ");
15       for(i=0;i<6;i++)                   //输出排序后的数组元素
16           printf("%5d",a[i]);
17       printf("\n");
18   }
```

数组元素排序的程序运行结果如图 7-6 所示。

图 7-6　数组元素排序的程序运行结果

任务 3　输出杨辉三角形

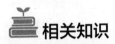

任务目标

输出 10 行杨辉三角形。

```
1
1   1
1   2   1
1   3   3   1
1   4   6   4   1
1   5   10  10  5   1
…
```

相关知识

知识点 1：二维数组定义

通过两个下标能唯一地确定数组中的一个元素，这种数组称为二维数组。与一维数组一样，二维数组必须先定义再使用。

（1）二维数组定义格式

定义二维数组的一般格式如下。

> 数据类型说明符　数组名［常量表达式 1］［常量表达式 2］；

（2）格式说明

① 数据类型说明符、数组命名规则与一维数组的要求相同。

② 二维数组可以看作由行和列构成的表格或矩阵。

③ 常量表达式 1 表示行下标，常量表达式 2 表示列下标，每个下标的取值范围均从 0 开始到下标值减 1 结束。例如，double a[5][6];，5 表示 a 数组中有 5 行，6 表示每一行有 6 个元素；行下标从 0 开始到 4 结束，列下标从 0 开始到 5 结束，也就是说可以使用的最后一个数组元素是 a[4][5]。

④ 二维数组元素在内存中仍然是连续存放的。例如，定义 float s[2][3];，可以看作一个 2 行 3 列的矩阵，即

> s[0][0]　s[0][1]　s[0][2]
> s[1][0]　s[1][1]　s[1][2]

二维数组在内存中仍然占用了一段连续的内存空间，采用按行存储的方式存放，即先存放第 1 行元素，再存放第 2 行元素……直到最后一行。二维数组 s[2][3]在内存中的存储如图 7-7 所示。

图 7-7　二维数组 s[2][3]在内存中的存储

知识点 2：二维数组元素的引用

（1）二维数组元素的引用形式如下。

> 数组名［下标表达式 1］　［下标表达式 2］

（2）引用说明如下。

① 下标表达式 1 和下标表达式 2 可以是整型常量或者整型表达式。

② 一个二维数组元素实际上也是一个变量，代表内存中的一个存储单元。

③ 数组的行和列的最小下标都为 0，最大下标分别为行数减 1 和列数减 1。

知识点 3：二维数组的初始化

与一维数组相同，在使用二维数组前需要对数组进行初始化。对二维数组的初始化可以用以下方法实现。

在定义数组时可以直接为数组元素赋初值。

（1）为数组元素完全赋初值。例如：

```
int a[2][3]={1,2,3,4,5,6};
```

将花括号中的值依次赋予 a[0][0]、a[0][1]、a[0][2]、a[1][0]、a[1][1] 和 a[1][2]，遵循先行后列的原则。这时可以省略数组的行下标，但是不能省略数组的列下标，系统能够自动地通过数据的个数确定数组的行数，即其也可写作 int a[][3]={1,2,3,4,5,6};，效果完全相同。

（2）可以只给数组的部分元素赋初值，后面未赋值的元素的初值为 0。例如：

```
float b[5][5]={7};
```

因为花括号中只有一个值 7，这个值被赋予 b[0][0] 元素，后面元素的初值全部为 0。

（3）如果赋值的个数超过数组的长度，则在编译时系统会报错。例如：

```
int c[2][3]={1,2,3,4,5,6,7};
```

在编译时，系统的报错信息是"error C2078：初始值设定项太多"。

（4）与一维数组不同的是，可以为二维数组的每行不完全赋值，其余未被赋值的元素的初值仍然为 0。例如：

```
int x[3][4]={{1,2},{9}};
```

（5）可以根据实际情况，在程序运行过程中完成对数组元素的赋值。

 任务实现

从杨辉三角形可以看出，每一行的第 1 列和对角线上的数据都是 1，中间部分的每一个数据都是上一行中的前 1 列和当前列的数据之和，这些数据形成一个平面，需要使用一个二维数组来存放这些数据。

```
1    #include <stdio.h>
2    #define N 6                              //符号常量
3    main()
4    {
5        int a[N][N];                         //定义一个 N×N 二维数组
6        int i,j;                             //用于控制行、列的值
7        for(i=0;i<N;i++)                     //生产 N 行数据
8        {
9            a[i][0]=1;                       //每一行的第 0 列为 1
10           a[i][i]=1;                       //每一行的第 i 列为 1
11           for(j=1;j<i;j++)                 //每一行中间元素的值
12               a[i][j]=a[i-1][j-1]+a[i-1][j]; //上一行第 j-1 列和上一行第 j 列数据之和
13       }
14       for(i=0;i<N;i++)                     //输出 N 行数据
15       {
16           for(j=0;j<=i;j++)                //行中各列的数据
```

```
17              printf("%5d",a[i][j]);
18              printf("\n");                    //换行
19          }
20  }
```

程序的第 5 行中的 int a[N][N];表示在内存中为存放数据开辟 N×N 个连续的存储单元,为存放相应的数据做准备; 第 7～13 行用于完成整个 6 行杨辉三角形各行数据的产生; 第 14～19 行用于完成杨辉三角形的显示,最关键的是第 18 行,其功能是在显示完每一行的数据后换行,为显示下一行数据做准备。输出杨辉三角形的程序运行结果如图 7-8 所示。

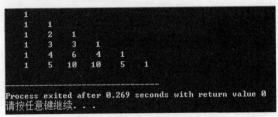

图 7-8　输出杨辉三角形的程序运行结果

任务 4　统计不同类型字符的个数

任务目标

输入一个字符串,分别统计出其中数字、英文字母的个数。

相关知识

知识点: 字符数组

数据的处理过程中往往不仅有数值型数据,还有字符型数据,当数组中元素的值是字符时,该数组称为字符数组。

用一对双引号引起来的字符序列称为字符串。在 C 语言中,字符可以用字符变量来存储,但是没有字符串这种数据类型,字符串的存取是通过字符数组来实现的。一个一维字符数组就是一个字符串。与数值型数组一样,字符数组也可分为一维字符数组和二维字符数组等。

(1) 字符数组的定义及引用

字符数组可以分为一维字符数组和二维字符数组。

定义一维字符数组的一般格式如下。

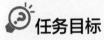

char　数组名[常量表达式]

例如:

char address[80];

定义二维字符数组的一般格式如下。

char　数组名[常量表达式 1][常量表达式 2]

其中,数组名、数组元素的引用与变量表达式的规定及含义与前面的一维数组和二维数组完全相同。例如,char name[10]、char str[3][5]都是合法的字符数组的定义。

(2) 字符数组的初始化

不管是一维字符数组还是二维字符数组,在其使用前,都需要进行初始化。可以采用以下方法为字符数组赋初值。

① 为字符数组元素完全赋初值。例如：

```
char c[5]={ 'H', 'e', 'l', 'l', 'o'};
char s[2][6]={{ 'R', 'e', 'd'},{'G', 'r', 'e', 'e', 'n'}};
```

② 在初始化字符数组时，通常采用以下方式。

```
char c[6]="Hello";//或者 char c[]="Hello";
char s[2][6]= ={"Red","Green"};//或者 char s[2][6]= ={{"Red"},{"Green"}};
```

使用这种方式初始化时，数组除了要存储字符串中的字符，还要存储字符串结束标记"\0"，这个标记是由系统自动添加的。所以，数组在大小上要比前面一个一个字符进行赋值时多一个字节，用于存储字符串结束标记"\0"。例如，char c[6]="Hello";，该数组的存储如图 7-9 所示。

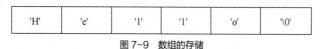

| 'H' | 'e' | 'l' | 'l' | 'o' | '\0' |

图 7-9　数组的存储

③ 除了在定义数组时进行初始化外，还可以根据实际情况，在程序运行的过程中完成对字符数组元素的赋值。

（3）字符串的输入/输出

对于字符数组的输入/输出，可以使用前面的 getchar() 和 putchar() 函数对数组中的元素进行操作，但是比较烦琐。在 C 语言中，可以在格式化输入/输出函数 scanf() 和 printf() 中使用"%c""%s"格式符，或采用 C 语言提供的字符串的输入/输出函数 gets() 和 puts()。采用"%c"的形式对字符数组元素通过循环一个一个地进行初始化比较麻烦，较少使用。

① 使用 scanf() 和 printf() 函数输入/输出字符串。

在 scanf() 和 printf() 函数中使用格式符"%s"，可以一次性输入/输出整个字符串。例如：

```
char s1[20],s2[20];
scanf("%s%s",s1,s2);
printf("字符串 s1 为: %s　字符串 s2 为: %s",s1,s2);
```

在输入 s1、s2 两个字符串时，中间以空格分隔。

在使用 scanf() 函数输入字符串时，需要注意以下问题。

✓　采用"%s"的方式输入字符串到数组中时，只需给出数组名，不应再加上&。因为数组名就代表在内存中存储该数组的首地址。如果是二维字符数组，则可以省略列下标。例如：

```
char str[2][100];
scanf("%s%s",str[0],str[1]);
```

✓　在输入的字符串中不能包含空格、制表符等，因为在使用"%s"格式符来输入字符串时，系统是以空格、制表符或换行符来作为输入字符串的结束标志的。例如：

```
scanf("%s%s",s1,s2);
```

在运行时，如输入 Hello World 123，则 s1 中的字符串为"Hello"，s2 中的字符串为"World"。

✓　输入的字符串的长度要小于字符数组的长度。

在使用 printf() 函数输出字符串时，需要注意以下问题。

✓　使用"%s"格式符输出字符串时，要求字符串以"\0"结束，否则在输出的字符串末尾会出现一些非法字符。

✓　使用"%s"格式符输出字符串时，输出的字符串遇到第一个结束符"\0"就结束输出，而结束符"\0"不会被输出。

② 使用 gets() 和 puts() 函数输入/输出字符串。

如果要输入的字符串中包含空格等特殊字符，则不能使用 scanf() 函数进行输入操作。C 语言中提供了 gets() 函数来输入字符串，与 scanf() 函数不同的是，使用 gets() 函数可以包含空格，直到遇到换行符才结束输入，并自动在字符串的末尾加上结束标记"\0"。而使用 puts() 函数进行字符串输出时，直到遇到字符串结束标记"\0"才结束输出。

需要注意的是，gets()和puts()函数中的参数只能是一个字符串表达式。例如：

```
char str[20];
gets(str);puts(str);
```

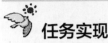 **任务实现**

可以采用为每一个字符数组元素赋值的方式将字符串存放于字符数组中，但是 C 语言中有一种更好地为字符数组赋值的方法，即使用 scanf()函数中的%s 格式。实现本任务时，先判断字符数组中的每一个元素，如果是数字则 digit 增加 1，如果是英文字母则 letters 增加 1，再输出相应的结果。

```
1    #include <stdio.h>
2    #include <string.h>
3    main()
4    {
5        char str[80],ch;            //定义一个字符数组
6        int i,n,digit=0,letters=0;  //digit 用于统计数字的个数, letters 用于统计字
7    母的个数
8        printf("请输入任一字符串: ");
9        scanf("%s",str);            //输入一个字符串
10       n=strlen(str);              //求字符串的长度
11       for(i=0;i<n;i++)
12       {
13           ch=str[i];              //取出字符数组中的每一个字符元素
14           if(ch>='0' && ch<='9')
15               digit++;            //是数字
16           else if(ch>='A' && ch<='Z' || ch>='a' && ch<='z')
17               letters++;          //是英文字母
18       }
19       printf("数字的个数是:%d 个\t 字母的个数是: %d 个\n",digit,letters);
     }
```

程序的第 2 行的作用是对字符串函数做预处理，因为后面程序中需要用到 strlen(str)函数，以便于获得字符串的实际长度；第 8 行通过 scanf()函数采用"%s"的格式为字符数组输入数据，简单来说就是输入字符串；第 10～17 行用于判断每一个字符是数字还是英文字母，分别进行统计。统计不同类型字符个数的程序运行结果如图 7-10 所示。

图 7-10 统计不同类型字符个数的程序运行结果

任务5 水果名称排序

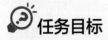 **任务目标**

将 10 个水果名称 apple、lemon、mango、plum、peach、pear、banana、cherry、olive 和 fig 按升序排列。

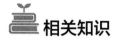相关知识

知识点：字符串函数

C 语言程序中进行字符串操作时，往往需要对字符串做一些相应的处理。C 语言提供的字符串处理函数极大地方便了用户进行字符串的处理。在使用这些函数时，要使用编译预处理指令将头文件 string.h 包含到程序中。这里只介绍几个常用的字符串函数。

（1）字符串长度测试函数 strlen()

一般格式如下。

```
strlen(字符数组)
```

功能：测试字符串的实际长度，不包含"\0"结束字符，函数的返回值是字符串的长度。例如：

```
char s[20]= "Hello World!";
int n=strlen(s);
```

变量 n 的值为 12。字符数组 s 中的元素个数为 20，但是初始化时只有 12 个有效字符+1 个字符串的结束符"\0"，共占用 13 个存储单元，strlen()函数一旦遇到"\0"就结束测试。需要注意的是，如果字符串中包含汉字，则一个汉字是按 2 个 ASCII 字符计算长度的。

（2）字符串复制函数 strcpy()和 strncpy()

该函数的一般格式如下。

```
strcpy(字符数组 1,字符数组 2)
strncpy(字符数组 1,字符数组 2,n)
```

功能：strcpy(字符数组 1,字符数组 2)是将字符数组 2 中的字符串复制到字符数组 1 中，字符数组 1 的长度不能小于字符数组 2 的长度；strncpy(字符数组 1,字符数组 2,n)是将字符数组 2 中的前 n 个字符复制到字符数组 1 中。例如：

```
char s1[10],s2[6]= "China";
strcpy(s1,s2);                //s1 中的字符串也为 China
strncpy(s1,s2,2);s1[2]= '\0'; //s1 中的前 2 个字符为 Ch，第 3 个字符为结束标记
```

（3）字符串比较函数 strcmp()、strncmp()、stricmp()和 strnicmp()

该函数的一般格式举例如下。

```
strcmp(字符数组 1,字符数组 2)
```

功能：按字典顺序比较两个字符数组中的字符串，并返回一个整数。如果返回值小于 0，则表示字符串 1 小于字符串 2；如果返回值等于 0，则表示字符串 1 等于字符串 2；如果返回值大于 0，则表示字符串 1 大于字符串 2。strncmp(字符数组 1,字符数组 2,n)是对两个字符数组中的前 n 个字符进行比较；stricmp(字符数组 1,字符数组 2)是不区分字母的大小写，对两个字符数组中的字符串进行比较；而 strnicmp(字符数组 1,字符数组 2,n)则是不区分字母的大小写，对两个字符数组中的前 n 个字符进行比较。

在 C 语言中，单纯地对两个字符进行比较时，可以采用关系运算符，如果要比较字符串大小，则只能通过字符串比较函数来实现。例如：

```
char s1[10] = "aaa", s2[10] = "aAab";
printf("%d\n",strcmp(s1,s2));     //结果为 1
printf("%d\n",strncmp(s1,s2,1));  //结果为 0，只取了一个字符 a
printf("%d\n",stricmp(s1,s2));    //结果为-1，字母不区分大小写，但 s2 多一个字符
printf("%d\n",strnicmp(s1,s2,2)); //结果为 0，比较前 2 个字符，字母不区分大小写
```

（4）字符串连接函数 strcat()和 strncat()

该函数的一般格式如下。

```
strcat(字符数组 1, 字符数组 2)
strncat(字符数组 1, 字符数组 2, n)
```

功能：strcat(字符数组 1, 字符数组 2)是将字符数组 2 中的字符串连接到字符数组 1 的尾部，函数的返回值是字符数组 1 的首地址，要求字符数组 1 有足够的长度存放连接后的所有数据；strncat(字符数组 1, 字符数组 2, n)是将字符数组 2 中的前 n 个字符连接到字符数组 1 的尾部。例如：

```
char s1[20] = "Hello,", s2[10] = "Tom";
printf("%s\n",strcat(s1,s2));       //结果为 Hello,Tom
printf("%s\n",strncat(s1,s2,1)); //在上面的语句执行之后继续，结果为 Hello,TomT
```

（5）字符串大写转换函数 strupr()

该函数的一般格式如下。

```
strupr(字符数组)
```

功能：字符数组中的小写字母转换为大写字母，其余字符不变。例如：

```
char s1[20] = "Hello";
printf("%s\n",strupr(s1));              //结果为 HELLO
```

（6）字符串小写转换函数 strlwr()

该函数的一般格式如下。

```
strlwr(字符数组)
```

功能：字符数组中的大写字母转换为小写字母，其余字符不变。例如：

```
char s1[20] = "Hello";
printf("%s\n",strlwr(s1));              //结果为 hello
```

 任务实现

首先将 10 个英文单词存放到二维字符数组中，然后采用相应的排序方法进行排序。在排序的过程中，会用到字符串的比较和复制操作，需要使用相关函数。

```
1    #include <stdio.h>
2    #include <string.h>
3    main()
4    {
5        char nam[10][10]={"apple","lemon","mango","plum","peach","pear",
6    "banana", "cherry", "olive" ,"fig"};
7        int i,j,k;
8        char ch[10];
9        for(i=0;i<9;i++)
10       {
11           k=i;
12           for(j=i+1;j<10;j++)
13               if(strcmp(nam[j],nam[k])<0)k=j;
14           if(k>i)
15           {
16               strcpy(ch,nam[i]);
17               strcpy(nam[i],nam[k]);
18               strcpy(nam[k],ch);
19           }
20       }
21       for(i=0;i<10;i++)
22           printf("%s ",nam[i]);
23       printf("\n");
24   }
```

程序的第 5、6 行定义了二维字符数组 nam 以存放水果名称；第 8 行定义了字符数组 ch 作为交换两个字符串的中间变量；第 13 行利用函数 strcmp(str1,str2)比较两个字符串的大小；第 16~18 行利用函数 strcpy(str1,str2)交换两个字符串；第 21、22 行用于输出排序后的结果。水果名称排序的程序运行结果如图 7-11 所示。

```
apple banana cherry fig lemon mango olive peach pear plum
------------------------------------------------
Process exited after 0.2119 seconds with return value 0
请按任意键继续...
```

图 7-11 水果名称排序的程序运行结果

拓展任务　俄罗斯方块之形态描述

用二维数组描述俄罗斯方块游戏中方块下落的形态。

一个 N×N 矩阵顺时针旋转 90°，可以得到一个新的矩阵，如图 7-12 所示，一个 4×4 的矩阵要完成这样的旋转，只需将矩阵的第 1 行变成新矩阵的第 4 列，第 2 行变成新矩阵的第 3 列，第 3 行变成新矩阵的第 2 列，第 4 行变成新矩阵的第 1 列。

图 7-12 矩阵顺时针旋转 90°

由此可以得出，旋转之后元素的行号等于旋转之前元素的列号，旋转之后元素的列号和旋转之前元素的行号的和始终为 3（行号和列号都从 0 开始编号）。可以用下面的程序来完成上面矩阵的旋转。

```
1    #include <stdio.h>
2    main()
3    {
4        int space[4][4];
5        int temp[4][4]={1,0,0,0,1,0,0,1,1,0,1,1,1,1,1,1};
6        for (int i = 0; i < 4; i++)
7            {
8                for (int j = 0; j < 4; j++)
9                    {
10                        space[i][j] = temp[3 - j][i];
11                    }
12            }
13   }
```

程序的第 4 行定义了二维数组 space 来存放旋转后的矩阵；第 5 行定义了二维数组 temp 来存放初始矩阵；第 6~12 行利用嵌套循环完成矩阵旋转，因为数组下标从 0 开始，所以在第 10 行代码中旋转之前的元素的行号和旋转之后的元素的列号的和为 3。

在俄罗斯方块游戏中，下落的方块共有 7 种类型（T、L、J、Z、S、O、I），每种类型都有 4 种形态。例如，T 的 4 种形态如图 7-13 所示。

从图 7-13 可以看出 T 的每一种形态都处于一个 4 行 4 列的表格中，且每一种形态都可以通过前一种形态顺时针旋转得到。可以用一个 4 行 4 列的二维数组来描述每一个表格，表格中有填充的单元格对应的元素值为 1，无填充的单元格对应的元素值为 0。

图7-13 T的4种形态

该二维数组定义如下。

```
int space_info[4][4];
```

可以用一个 7 行 4 列的二维数组 block_var[7][4]存放下落方块的 28 种形态，行数 7 代表 7 种类型，列数 4 代表每一种类型有 4 种形态。

由于二维数组不能把 space_info 直接作为 block_var 的数据类型，需要利用 C 语言中的结构体（一种用户自定义的数据类型，利用它可以把其他类型的数据封装成一种新的数据类型，单元 11 中会详细介绍），把 space_info 封装成一种新的数据类型 Block。

```
struct Block{
  int space_info[4][4];
}
```

利用 Block 可以定义 block_var 数组，代码如下。

```
1    #include <stdio.h>
2    main()
3    {
4        struct gt_block_info
5        {
6            int space_info[4][4];
7        }block_var[7][4]
8        // "L" 形状
9        for (int i = 1; i <= 3; i++)
10           block_var[1][0].space_info[i][1] = 1;
11       block_var[1][0].space_info[3][2] = 1;
12       // "J" 形状
13       for (int i = 1; i <= 3; i++)
14           block_var[2][0].space_info[i][2] = 1;
15       block_var[2][0].space_info[3][1] = 1;
16       // "T" 形状
17       for (int i = 0; i <= 2; i++)
18           block_var[0][0].space_info[1][i] = 1;
19       block_var[0][0].space_info[2][1] = 1;
20       // "I" 形状
21       for (int i = 0; i <= 3; i++)
22           block_var[6][0].space_info[i][1] = 1;
23       for (int i = 0; i <= 1; i++)
24       {
25           // "Z" 形状
26           block_var[3][0].space_info[1][i] = 1;
27           block_var[3][0].space_info[2][i + 1] = 1;
28           // "S" 形状
29           block_var[4][0].space_info[1][i + 1] = 1;
30           block_var[4][0].space_info[2][i] = 1;
31           // "O" 形状
32           block_var[5][0].space_info[1][i + 1] = 1;
33           block_var[5][0].space_info[2][i + 1] = 1;
34       }
```

```
35          int t[4][4];
36          for (int shape = 0; shape < 7; shape++)    //行7
37          {
38              for (int form = 0; form < 3; form++) //列4
39              {
40                  //得到第一种形态
41                  for (int i = 0; i <4; i++)
42                  {
43                      for (int j = 0; j <4; j++)
44                      {
45                          t[i][j] = block_var[shape][form].space_info[i][j];
46                      }
47                  }
48                  //通过矩阵旋转方式获取下一种形态
49                  for (int i = 0; i <4; i++)
50                  {
51                      for (int j = 0; j <4; j++)
52                      {
53                          block_var[shape][form + 1].space_info[i][j] = t[3 - j][i];
54                      }
55                  }
56              }
57          }
58      }
```

程序的第 4 行定义了一个结构体 gt_block_info，用来描述每一种形态，利用该结构体定义了一个二维数组 block_var[7][4]来存放这 28 种形态；第 8～34 行用于存放每一种类型的基本形态；第 35～58 行用于将每一种形态通过顺时针旋转变成下一种形态。

课后习题

一、选择题

1. 下面数组的定义中，错误的是（　　　　）。

  A．float a[5];　　　　　B．int b[2][3];　　　　　C．char s[80];　　　　　D．int x[2,3];

2. 在 C 语言中，如果定义了一个有 N 个元素的一维数组，则该数组元素的下标取值范围为（　　　）。

  A．1～N　　　　　B．0～N　　　　　C．1～N-1　　　　　D．0～N-1

3. 以下程序运行的结果是（　　　）。

```
main()
{
    int a[5]={1,2,3,4,5},s=0,i,j=10;
    for(i=4;i>=1;i--)
    {
        s=s+a[i]-j--;
        --j;
    }
    printf("%d\n",s);
}
```

  A．-20　　　　　B．-14　　　　　C．2　　　　　D．14

4. 以下程序运行的结果是（　　　）。

```
main()
{
    int x[10],i=0,s=0;
    for(i=0;i<10;i++)
        x[i]=10-i;
    i=0;
    while(i++<9)
        if(x[i]%2) s=s+x[i];
    printf("%d\n",s);
}
```

A. 25　　　　　　　　B. 30　　　　　　　　C. 10　　　　　　　　D. 55

5. 以下程序运行的结果是（　　　）。

```
#include <stdio.h>
#include <string.h>
main()
{
    int i,sum=0;
    charstr[]="as123dfgh5j7";
    for(i=strlen(str)-1;i>=0;i--)
        if(str[i]>=48 && str[i]<=57) sum=sum*10+str[i]-48;
    printf("sum=%d\n",sum);
}
```

A. sum=12357　　　B. sum=75321　　　C. sum=12375　　　D. sum=57321

二、编写程序

1. 输入 10 个数字存放于数组 num 中，将 num[0]与 num[9]交换、num[1]与 num[8]交换……num[4]与 num[5]交换，输出交换后的数组。

2. 随机产生 10 个 1～100 的整数存放于数组 a 中，将这些数据按降序排列。再输入一个整数，将这个整数插入数组 a 中，使得数组中的整数仍然按降序排列。

3. 输入任意字符串，再输入另一个字符，统计该字符在字符串中出现的次数。

4. 字符串加密。将字符串中的英文字母转换成其后面的第二个字母，其余字符不变，即 A→C，B→D...Y→A，Z→B，小写字母以此类推。输出转换后的字符串。

5. 输入一个英文句子，统计句子中英文单词的个数，假设单词之间用空格隔开。

6. 计算 $M \times N$ 二维数组两条对角线元素之和。

7. 输出如下矩阵。

```
1 2 3 4 5 6
2 3 4 5 6 1
3 4 5 6 1 2
4 5 6 1 2 3
5 6 1 2 3 4
6 1 2 3 4 5
```

单元8
函数

08

知识目标

1. 了解函数的概念。
2. 掌握函数的定义、形参和实参。
3. 掌握函数调用和函数声明。
4. 理解变量作用域和存储类型。

能力目标

1. 能够定义函数和调用函数。
2. 能够定义递归函数。
3. 具有使用函数解决实际生活中的简单问题的能力。

素质目标

1. 增强工程实践操作能力。
2. 培养跨学科知识整合能力。

单元任务组成

本单元主要学习函数定义、函数调用和变量作用域等内容，任务组成情况如图8-1所示。

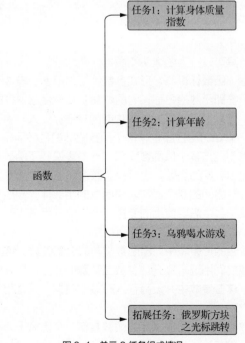

图 8-1　单元 8 任务组成情况

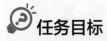

任务 1 计算身体质量指数

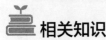

任务目标

根据身高和体重计算人的 BMI。

相关知识

知识点 1：函数定义

函数是 C 语言程序的基本组成单位，任何程序都是由若干个函数组成的。之前学习的每一个程序中都有一个主函数，主函数中还会调用其他函数，那么究竟什么是函数呢？

所谓"函数"，是指具有唯一名称、能实现一定功能的一段程序。函数的名称是用来区分各个函数的标识符，如 printf、scanf、main 等，程序中可以通过名称调用函数，以运行函数中的这段程序。C 语言提供了比较丰富的库函数，这些库函数只需要通过#include 指令包含相应的头文件就可以在程序中使用了。也可以在程序中设计自己的函数，称为自定义函数。主函数就是程序中一个特殊的自定义函数，它是在程序运行时自动调用的。

程序设计的本质就是根据程序的功能要求设计一些函数，这些函数通过相互调用形成一个整体，通过相互协作完成程序的计算任务。

（1）函数定义语法格式

只有定义了的函数才能在程序中使用，所以学习函数首先要学会怎样定义函数。C 语言中，函数定义的一般格式如下。

```
返回值类型　函数标识符（形式参数表）
{
　　说明部分
　　语句部分
}
```

从函数定义的结构看，其可以分为函数头和函数体两部分。

函数头包括返回值类型、函数标识符、形式参数（简称形参）表 3 个部分。函数头描述了一个函数的基本特征：函数标识符即函数的名称，为函数命名要符合标识符的命名规则，不允许使用 C 语言的关键字作为标识符，最好选用能概括函数功能的短语，让人一看到函数名就能明白这个函数具备什么样的功能，在同一个 C 语言程序中，每个函数的标识符必须是独一无二的，所以不能定义两个同名的函数，该函数也不能与某个库函数同名；形参表说明了函数被调用时需要什么样的输入数据；返回值类型是函数输出数据的类型，也就是函数返回值的数据类型，默认为 int。

函数头后面"{"和"}"之间的整个语句块是函数的函数体，一般可以分为说明部分和语句部分。说明部分一般用来定义函数中需要使用的变量，语句部分用来实现函数的运算功能。

（2）函数的形参

函数定义时，要在函数头的形参表中列出函数需要的全部参数。这些参数可以是 C 语言中任何有效的数据类型，多个参数之间用逗号隔开。参数是特殊的变量，用来保存函数被调用时传递给函数的数据。在定义函数时，这些参数中并没有存入有效的数据，只是用于说明函数被调用时需要传入这样的数据。

通常，在调用一个函数时，可以把被调用的函数看作一个黑盒子，不需要关心函数内部是怎样进行计算的，只需要知道函数在输入什么样的数据、完成什么功能的计算后输出什么样的结果。例如，对于经常使用的库函数 scanf()，调用它时不用关心库函数是如何将数据输入变量中的，只需要按照函数的要求提供正确的参数即可。

参数与返回值构成了函数的外部特征，是该函数与其他函数相互传递数据、协同工作的重要途径。假设我们把自动取款机看作一个函数，那么输入的参数包括银行卡、密码和取款金额，正常情况下返回值就是取出的现金。如果参数错误，返回值就可能是一条错误信息。当然，最坏的结果是银行卡里的钱被扣了，现金也没取出来，由此可见函数设计是不能马虎的。

求圆的面积如应用举例 8-1 所示。

应用举例 8-1：求圆的面积

```
1   float getArea(float r)      //程序的主函数
2   {
3       float area
4       area=3.14*r*r;
5       return area;
6   }
```

上面的程序中定义了一个函数 getArea()，该函数根据半径来求圆的面积。函数返回类型是 float，函数有一个形参 r，代表圆的半径。

（3）函数的返回值

当一个函数调用另一个函数时，发起调用操作的函数称为主调函数，被调用的函数称为被调函数。执行调用操作时，会首先暂停主调函数，转入被调函数中执行其中的语句；函数执行完毕后，程序会回到主调函数中，继续执行函数调用之后的语句。

被调函数结束，返回主调函数时，可以将一个数据带回主调函数，这个数据是函数的返回值。函数值用 return 语句返回，return 语句的格式如下。

```
return [表达式];
```

函数中可以有多个 return 语句，每次函数被调用时只能执行其中的一个语句，任何一个 return 语句被执行时，都会立即从函数中返回。如果函数执行到最后一个语句也没有遇到 return 语句，则会返回主调函数，返回值会是一个不可预计的数值。这样的函数在编译时，系统会产生警告信息，所以 return 语句一般不能省略。

函数也可以没有返回值，这样的函数在定义时需将返回值类型写为"void"；函数返回时，直接使用"return;"语句返回。对于没有返回值的函数，如果最后一个语句是"return;"，则可以将其省略。

知识点 2：函数调用

在 C 语言中，每一个函数都是单独定义的，函数之间没有等级关系，任何函数都可以调用另一个函数。函数之间的结构关系是通过函数的调用来决定的。运行程序时由操作系统调用主函数，再由主函数调用其他函数。

函数调用时的参数称为实际参数，简称实参。实参可以是变量、常量或表达式。在调用函数时，应该提供与形参类型、数量一致的实参，多个实参之间使用逗号分隔；没有形参的函数调用应使用空括号。

当实参类型与形参不一致时，C 语言会首先尝试自动进行类型转换。与赋值表达式中的自动类型转换相同，低精度的数据向高精度的数据转换没有问题，高精度的数据向低精度的数据转换时可能会造成数据溢出，编译器会发出警告。例如，char 型转换到 int 型时没有问题，反过来就可能发生数据溢出现象。程序应该确保类型转换的正确性，使用强制类型转换可以避免编译器发出警告。

函数调用的一般格式如下。

函数名(实参);

一般调用函数可以采用如下 3 种方式。

① 函数语句：在函数调用的一般格式后面加上分号，即构成函数语句。无论函数有没有返回值，都可以使用函数语句来调用函数。若函数有返回值，则其返回值数据在函数返回后被舍弃。函数语句也可以作为其他复合语句的一部分，例如，"if(x==0) printf("x is zero");"。

② 函数表达式：以函数调用的一般格式出现在表达式中，作为表达式的一项。函数调用后，以返回值的形式参与表达式的计算。必须是有返回值的函数才能这样使用。例如，"key=10+getch();"即把 getch()函数的返回值加上 10 之后，赋予变量 key。

③ 函数实参：把函数作为另一个函数的实参来使用，即把函数返回值作为另一个函数的实参。这种用法也需要函数是有返回值的。假设函数 bigger(a,b)可以返回 a、b 两个变量中的较大值，则可以用 "m=bigger(bigger(a,b), c);" 的方式求出 3 个变量中的最大值，"bigger(a,b)" 在这里就是外层的 bigger()函数的实参。

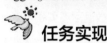 **任务实现**

身体的胖瘦不仅仅是一种视觉效果，还与健康的关系非常紧密。较为科学的方法是根据 BMI 来判断人的胖瘦，BMI 是目前国际上常用的衡量人体胖瘦程度以及是否健康的标准。BMI 的计算方法如下。

$$BMI = L / H^2$$

式中，L 为体重（单位为 kg），H 为身高（单位为 m），所以一个体重为 50 kg、身高为 1.5 m 的人，其 BMI 为 50/（1.5×1.5）≈22.22。我国成年人的 BMI 参考标准如下。

偏瘦：BMI<18.5。

标准：18.5 ≤ BMI<24。

超重：24 ≤ BMI<28。

肥胖：28 ≤ BMI。

可以定义一个函数，根据身高 H 和体重 L 计算 BMI，代码如下。

```
1    #include <stdio.h>
2    //------------------------------------------------------------
3    float getBMI(float H, float L)        //函数 getBMI(): 参数 H=身高, L=体重
4    {
5        float BMI;
6        BMI = L/(H*H);                    //计算出 BMI
7        if(BMI <18.5)                     //判断体型特征: BMI<18.5
8            printf("您的体型偏瘦\n");
9        else if(BMI <24.0)                //18.5≤BMI<24
10           printf("您的体型标准\n");
11       else if(BMI <28.0)               //24≤BMI<28
12           printf("您的体型超重\n");
13       else                             //28≤BMI
14           printf("您的体型肥胖\n");
15       return BMI;                       //返回 BMI
16   }
17   //------------------------------------------------------------
18   main()                                //主函数
19   {
```

```
20      float h, l, x;
21      printf("请输入您的身高(m)和体重(kg): ");
22      scanf("%f %f", &l, &h);                    //输入身高 h、体重 l
23      x = getBMI(h, l);                    //调用函数 getBMI(), 计算 BMI 并判断体型特征
24      printf("您的身体质量指数(BMI)为: %f\n", x);   //输出 BMI 计算结果
25  }
```

程序中一共设计了两个函数: main()和 getBMI()。程序的第 18~25 行为主函数, 主函数中定义了 3 个浮点型变量 h、l、x, 其中 h 用来存储输入的身高数据(以"m"为单位), l 用来存储输入的体重数据(以"kg"为单位), x 用来存储函数 getBMI()的返回值, 即 BMI 的计算结果。主函数中, 首先要求输入身高和体重, 然后将这两个数据交给函数 getBMI(), 由它计算出 BMI 并判断体型特征, 显示并输出 BMI 之后, 程序结束。主函数中没有关心 BMI 具体怎么计算和体型特征怎么进行判断, 而是把这部分工作交给函数 getBMI 来做。程序的第 3~16 行用于定义函数 getBMI(), 完成 BMI 的计算和体型特征的判断。该函数有两个浮点型参数, 分别是 L 代表的体重数据和 H 代表的身高数据, 利用它们在第 6 行完成了 BMI 的计算; 根据 BMI 的值, 利用连续的 if-else 语句来判断体型特征; 最后用 return 语句将 BMI 值返回给调用语句。身体质量指数的程序运行结果如图 8-2 所示。

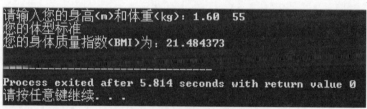

图 8-2　身体质量指数的程序运行结果

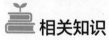 任务 2　计算年龄

任务目标

有 n 个人排成一队, 第一个人的年龄是 10 岁。从第二个人开始, 每一个人的年龄都比前一个人大 2 岁, 求第 n 个人的年龄。

相关知识

知识点 1: 函数嵌套调用

调用一个函数, 从功能上看, 就像把被调函数中实现的功能嵌入主调函数中一样, 使主调函数具有被调函数的功能。若在被调函数中再次进行函数调用, 则称为嵌套调用。C 语言允许函数进行多级嵌套调用。

函数的多级嵌套调用形成了程序中函数之间的结构关系。一般在进行程序设计时, 可以把一个复杂的运算问题转换成几个较小的问题来解决, 较小的问题可以转换为几个更小的问题来解决, 最后就把一个复杂的问题转换为一定数量的简单问题, 这就是自顶向下的设计思路。把这些问题的解决方法都用函数的方式表达出来, 且函数之间通过嵌套调用的方式成为一个整体, 就是用 C 语言进行程序设计的一般思路。

应用举例 8-2 展示的是使用嵌套调用的方法计算一个多项式的值。

应用举例 8-2：计算多项式 $xy/(x+y)-(2y+3)z$ 的值

```
1    #include <stdio.h>
2    //----------------------------------------------------------------
3    int g(int x, int y)
4    {
5        if(x + y == 0)
6        {
7            printf("除零错误! ");
8            return 0;
9        }
10       return (x * y)/(x + y);
11   }
12   //----------------------------------------------------------------
13   int h(int y, int z)
14   {
15       return (2 * y + 3) * z;
16   }
17   //----------------------------------------------------------------
18   int f(int x, int y, int z)
19   {
20       return g(x, y) - h(y, z);
21   }
22   //----------------------------------------------------------------
23   main()
24   {
25       int x, y, z;
26       x = 123;
27       y = 456;
28       z = 789;
29       printf("计算结果: %d", f(x,y,z));
30   }
```

根据多项式的特点，可将其分割为两个子项，分别在函数g()和h()中计算出两个子项的值，并在函数f()中相减得出多项式的值。根据程序中函数在定义时和调用时关系的不同，可以得出图 8-3 所示的函数关系图。应用举例 8-2 运行结果如图 8-4 所示。

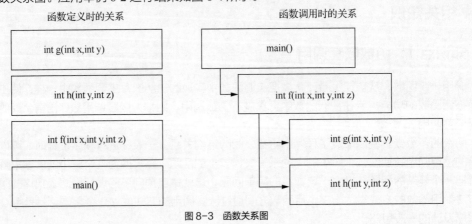

图 8-3　函数关系图

计算结果：-721839

Process exited after 0.222 seconds with return value 0
请按任意键继续. . .

图 8-4　应用举例 8-2 运行结果

在函数定义时，每个函数之间都是相互独立的，每个函数都有自己的函数头和函数体，所以在图 8-3 所示的左半部分中，它们都是独立的。

从函数的功能讲，调用一个函数后，主调函数就具备了被调函数的功能，所以可以将被调函数看作主调函数的一部分。主调函数也可以称为父函数，被调函数也可以称为子函数。因为主函数是所有函数中第一个被执行的函数，所以它是其他所有函数的父函数。主函数调用了函数 f()，所以 f() 是主函数的子函数；函数 f() 调用了 g() 和 h()，所以 g() 和 h() 是 f() 的子函数，f() 对 g() 和 h() 的调用就是嵌套调用。根据程序中函数调用的关系，可以得出一个以主函数为根的树形结构图（图 8-3 所示的右半部分）。

需要注意的是，在多项式中有除法运算。计算机进行除法运算的时候，必须避免进行被除数为 0 的计算，因为这时数学上的结果应该是 ∞，任何一个 C 语言的变量都无法保存这样的结果，所以会引起程序出错。在应用举例 8-2 中，出现这种情况时进行了"除零错误!"提示，表明这时的结果已经没有意义。

知识点 2：函数递归调用

C 语言中允许一个函数对自身进行直接或者间接的调用，这种调用方式就是递归调用，这样的函数称为递归函数。

递归函数一般用于解决特殊的问题，例如，一个问题可以分解出一个子问题，这个子问题可以用与原问题一样的方式来解决。当然，递归函数都要对递归调用设置一个确定的结束条件，当结束条件满足时，逐级返回上级函数中，否则会像进入了"死循环"一样，函数不能在完成任务后返回主调函数。

例如，要计算一个正整数 n 的阶乘，$n! = n \times (n-1) \times (n-2) \cdots \times 2 \times 1$。实质上 $n! = n \times (n-1)!$，假设 $fn(n)$ 表示 n 的阶乘，则 $fn(n-1)$ 表示 $n-1$ 的阶乘，所以当 $n>1$ 时，$fn(n)=fn(n-1) \times n$，当 $n=1$ 时，$fn(n)=1$。可以用递归函数来求 n 的阶乘，如应用举例 8-3 所示。

应用举例 8-3：用递归函数来求 n 的阶乘

```
1    #include <stdio.h>
2    //-----------------------------------------------------------------
3    int fn(int n)
4    {
5        int ni;
6        printf("开始(n=%d) \n", n);
7        if(n >1)
8            ni = n * fn(n-1);
9        else
10           ni = 1;
11       printf("结束(n=%d return=%d) \n", n, ni);
12       return ni;
13   }
14   //-----------------------------------------------------------------
15   main()
16   {
17       int n;
18       printf("计算数的阶乘，请输入正整数 n: ");
```

```
19        scanf("%d", &n);
20        printf("计算结果: n! = %d", fn(n));
21   }
```

程序的第 8 行在函数 f(n)的表达式中调用 fn(n-1)，这样就是进行递归调用。调用时的实参为 n-1，所以在子函数中形参 n 的值每次递归调用减 1。当 n=1 时，满足递归结束的条件，程序从递归调用中逐级返回上级函数。运行程序时需要注意一个问题，即当输入的 n 过大时，计算结果会大于整数的最大值，产生溢出错误，所以不要输入大于 12 的数。当在程序中输入 n=4 时，递归函数的调用过程如图 8-5 所示。

程序中虽然只在主函数中调用了一次函数 fn()，但是因为递归调用的存在，函数 fn()执行的次数主要取决于递归限制条件。应用举例 8-3 中函数 fn()一共进行了 3 次递归调用，加上主函数的一次调用，函数一共被调用了 4 次。当开始从最后一次递归调用返回时，返回值逐渐叠加，返回主函数时，返回值刚好是 4×3×2×1，完成了 4 的阶乘的计算。应用举例 8-3 运行结果如图 8-6 所示。

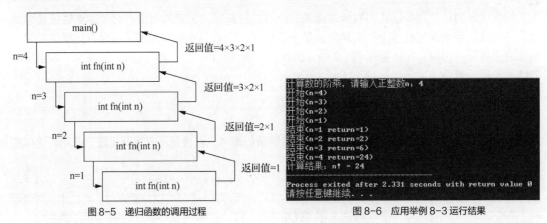

图 8-5　递归函数的调用过程　　　　　　　图 8-6　应用举例 8-3 运行结果

从图 8-6 可以看到，连续的 4 个开始提示信息表明，在递归结束条件不满足时，函数依次暂停执行而转入递归调用的函数；直到 n=1 时，递归结束条件达成，函数依次从递归函数中返回，所以看到 4 个顺序颠倒过来的结束信息；最后返回主函数中，输出 4 的阶乘的结果，这就是程序的全部运行过程。

知识点 3：函数声明

在前面的应用举例中，函数的定义顺序有这样一个规律——主函数是在最后定义的。这是巧合吗？C 语言中规定，无论是函数还是变量，都必须先定义后使用。正因如此，前面的几个应用举例中，主函数都被安排在其他函数的后面。这种刻意的安排，使得函数的调用语句出现之前，被调函数就已经定义好了。

但是这样的安排有时会发生矛盾，例如，函数 A 在某些情况下会调用函数 B，所以应该先定义函数 B 后定义函数 A；同时，函数 B 也有可能在某些情况下调用函数 A，所以应该先定义函数 A 后定义函数 B。这种情况该怎么办呢？

其实解决的方法很简单，就是进行函数声明。声明了函数之后，就可以调用函数而不用管它具体定义在什么地方了。函数声明语句的格式如下。

```
extern  返回值类型  函数标识符 (形参表);
```

通过观察可以发现，函数的声明语句就是在函数头前面加上关键字 extern，在函数头后面加上分号表示一个语句结束。声明一个函数与定义一个函数不一样，声明实际上就是通知，告诉其他函数有这样一个函数可供使用，所以只需要函数头的信息即可；定义函数是产生了一个新的函数，所以函数头需要与函数体写在一起。此外，多次声明同一个函数不会产生问题，但一个函数只能定义一次，否则编译器会认为这是两个重名的函数，从而产生编译错误。

任何函数都可以被其他函数调用，所以每一个函数的可访问范围都是整个程序，也可以称为外部函数。声明中即使不写关键字"extern"，函数也是外部函数，所以这个关键字可以省略。在声明函数的时候，主要关心函数的函数名、返回值类型、形参的类型和数量，甚至可以省略形参的参数名。

例如，对于函数 int func(int a, float b){...}，声明函数的语句可以写为：

```
extern int func(int a, float b);
```

或者：

```
int func(int a, float b);
```

或者：

```
int func(int, float);
```

这 3 个声明语句的写法都是正确的，所能起到的作用也是相同的。

声明函数可以在函数内的说明部分进行，这样在本函数中就可以调用被声明的函数，其他函数如果也需要调用这个函数，则需要再次进行声明。也可以把声明语句放在函数外，这样声明语句后的任何函数都可以访问被声明的函数。当然，也可以把函数的声明语句放在程序的开头处，那么整个程序中都可以调用被声明的函数。

C 语言还有一个很传统的特性，即默认一个未知函数的返回值类型是 int，那么对于返回值为整型数据的函数，即使不进行声明也可以调用。但是，这个特性使程序变得不够严谨，虽然程序可以正确运行，但是在程序编译时会出现一条警告信息。

函数声明如应用举例 8-4 所示。

应用举例 8-4：函数声明

```
1    #include <stdio.h>
2    //------------------------------------------------------------
3    main()
4    {
5        int max(int,int);
6        int add(int x,int y);
7        int a=20,b=30;
8        printf("最大值: %d\n",max(a,b));
9        printf("两个数的和= %d", add(a,b));
10   }
11   //------------------------------------------------------------
12   int max(int a,int b)
13   {
14     return a>b?a:b;
15   }
16   int add(int a,int b)
17   {
18      return a+b;
19   }
```

程序的第 5 行对 max()函数进行了函数声明，第 6 行对 add()函数进行了函数声明，这两个函数都是在 main()函数后面定义的，所以在 main()函数中调用它们之前进行了函数声明；第 12～15 行定义了 max()函数，用来求两个数中的较大值；第 16～19 行定义了 add()函数，用来求两个数的和。应用举例 8-4 运行结果如图 8-7 所示。

图 8-7　应用举例 8-4 运行结果

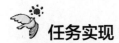 **任务实现**

根据任务描述，假设用函数 age(n)代表第 n 个人的年龄，n 为正整数，则当 n=1 时，age(1)=10；当 n>1 时，第 n 个人的年龄 age(n)等于第 n-1 个人的年龄 age(n-1)+2，即 age(n)=age(n-1)+2。用递归函数计算年龄的具体代码如下。

```
1    #include <stdio.h>
2    //------------------------------------------------------------------
3    main()
4    {
5        int age(int);
6        int n;
7        printf("请输入正整数 n: ");
8        scanf("%d",&n);
9        printf("第%d 个人的年龄=%d 岁", n,age(n));
10   }
11   int age(int n)
12   {
13      if(n==1)
14         return 10;
15      else
16         return age(n-1)+2;
17   }
```

程序的第 5 行对 age()函数进行了函数声明，因为 age()函数是在 main()函数后面定义的，所以在 main()函数中调用它之前进行了函数声明；第 9 行的 printf 语句中直接以 age()函数的函数值作为实参；第 11～17 行定义了 age()函数。计算年龄的程序运行结果如图 8-8 所示。

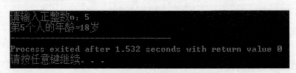

图 8-8 计算年龄的程序运行结果

任务 3 乌鸦喝水游戏

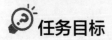 **任务目标**

有这样一个故事：一只乌鸦口渴了，到处找水喝。它看见一个瓶子，瓶子里面装有水。可是瓶子里面的水不多，瓶子很高，瓶口又小，它试了几次都喝不着，怎么办？乌鸦看到地上有许多小石子，它想出办法来了。乌鸦把小石子一个一个地衔起来，放到瓶子里。瓶子里的水渐渐升高了，乌鸦就喝到水了。现在，根据乌鸦喝水的故事，用 C 语言来设计这样一个小游戏。

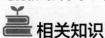 **相关知识**

知识点 1：变量作用域

变量是程序中数据的载体，程序设计的核心内容就是对变量中的数据进行处理，从而得到运算结果。程序中的变量有很多，可以把变量按其可访问的范围分为局部变量和全局变量。变量可以被访问的范围也称为变量的作用域，一个变量的作用域取决于它的定义语句在程序中出现的位置。

（1）局部变量

在函数内部或者复合语句内部定义的变量就是局部变量，也称为内部变量。局部变量只能在定义它的函数内或复合语句内使用，简单地说，就是在一对"{}"内定义的变量，其作用范围只能在这一对"{}"内。函数的形参作用范围与局部变量相同，只是形参的初始化是在函数被调用时通过实参复制完成的。

局部变量通常用来存储只需要在函数内使用的数据，当这样的变量进入函数时分配存储器和进行初始化；函数结束的时候，其中的数据就不需要了，占用的存储单元可以在函数退出时释放。不同函数中的局部变量之间没有关系，即便变量名称相同，也不会引起混淆。

代码块内的局部变量与函数内的局部变量类似，只是它的可访问范围更小，仅限于定义它的代码块内。这样的局部变量一般用于保存计算的中间结果，是变量中的"临时工"。

（2）全局变量

在程序中，定义在函数外的变量可以在任何函数中访问，这样的变量就是全局变量，也称为外部变量。全局变量一般用来存储公共的数据，以便在多个函数中都可以使用。也正是因为每个函数都可以对全局变量进行读写，如果一个函数修改了其中的数据，则会影响其他函数，使数据关系变得复杂，所以一般只有在必要的时候才使用全局变量。

全局变量定义在函数的外部，与函数在程序中的位置关系有两种：在函数之前定义，或在函数之后定义。在函数之前定义的全局变量，在函数中可以直接使用，符合 C 语言中先定义后使用的顺序要求；若要在函数中使用本函数之后定义的全局变量，则要进行全局变量声明，使编译器知道在程序中有这样的全局变量可供使用。

声明全局变量的格式如下。

```
extern  变量类型  变量名1[,变量名2,…];
```

对于全局变量，如果要使用的全局变量是在函数之前定义的，那么函数中可以直接使用它；如果要使用的全局变量是在函数之后定义的，则需要先使用关键字 extern 进行声明，再在函数中使用它。全局变量在程序开始执行时就会分配好存储单元，且在程序退出前都不会释放，所以存储在全局变量中的数据在整个程序运行期间都有效。

下面通过应用举例 8-5 来看一看局部变量与全局变量在程序中怎么使用，同时了解全局变量和函数的声明方法。

应用举例 8-5：计算一组随机数的平均值

```
1    #include <stdio.h>
2    #include <stdlib.h>
3    #include <time.h>
4    //-------------------------------------------------------------------
5    void initArray()
6    {
7        int i;
8        extern int Array[10];              //在函数后定义的全局数组，需要进行声明
9        for(i=0; i<10; i++)
10       {
11           Array[i] = rand() % 100;      //产生取值范围为 0~100 的一个随机数
12           printf("%5d", Array[i]);
13       }
14   }
15   //-------------------------------------------------------------------
```

```
16    int Array[10];                    //定义全局数组
17    //-------------------------------------------------------------------
18    main()
19    {
20        extern void getAverage();      //在本函数之后定义的函数，需要进行声明
21        srand((unsigned)time(NULL));   //初始化随机数发生器
22        initArray();                   //调用函数初始化数组
23        getAverage();                  //调用函数计算平均值
24    }
25    //-------------------------------------------------------------------
26    void getAverage()                  //定义函数
27    {
28        int i, sum = 0;
29        for(i=0; i<10; i++) sum += Array[i]; //在函数之前定义的全局数组，不需要声明
30        printf("\n平均值为: %f", sum/10.0);
31    }
```

程序主要由两个自定义函数完成了全局数组的初始化和求平均值。进入主函数后，首先利用系统时间对随机数发生器进行初始化；然后调用函数 initArray()将全局数组 Array 用取值范围为 0～100 的随机数进行初始化，并输出数组元素；最后调用函数 getAverage()计算并输出随机数组的平均值。

程序的第 16 行定义了全局整型数组 Array，在函数 initArray()中使用它时，因为函数在全局变量之前定义，所以需要先声明后使用。运行到函数 getAverage()中时，因为函数在全局变量之后定义，所以可以直接使用它，不需要进行声明。

在程序的主函数中，调用在主函数之前定义的函数 initArray()不需要进行声明，而调用在主函数之后定义的函数 getAverage()时就需要先声明后使用了。

应用举例 8-5 运行结果如图 8-9 所示，因为程序使用了随机数，所以每次运行的结果都不一样。

图 8-9 应用举例 8-5 运行结果

知识点 2：变量的存储类型

变量是逻辑上的数据容器，定义和使用一个变量时，一般不用关心它存储在什么地方、什么时候分配存储空间、什么时候释放存储空间，这些工作由 C 语言的运行库帮助程序完成。对于一些具有特殊用途的变量，这种默认的存储管理方式就不适用了。

变量的存储管理方式也称为变量的存储类型，可以分为动态存储类型和静态存储类型两种。通常，局部变量、形参都属于动态存储类型，在进入函数时分配内存和进行初始化，退出函数时释放内存。全局变量属于静态存储类型，在程序开始运行时就分配好内存和完成初始化，在整个程序运行期间都不释放内存。

变量有两个关键的属性：数据类型和数据存储类型。其中，数据类型确定了变量需要的存储空间大小和值域范围，存储类型确定了变量的生存周期。变量的完整定义格式如下。

存储类型 变量类型 变量名 1[,变量名 2,…];

用于变量的存储类型说明的关键字共有 3 个——auto、static、register，可以相应地把变量分为自动变量、静态变量和寄存器变量。

（1）自动变量

使用 auto 存储类型的变量就是自动变量，属于动态存储类型。对于一个局部变量，如果不做特别说明，则其默认采用 auto 存储类型，所以 auto 关键字通常可以省略。全局变量不能使用 auto 存储类型，因为全局变量只能使用静态存储方式。如果自动变量在定义时没有赋初值，则它的值是不确定的，如果对变量的第一次操作是读操作，则有可能引起程序错误；如果有赋初值，那么赋初值的操作在每次调用函数时都会进行。

（2）静态变量

使用 static 存储类型的变量就是静态变量，属于静态存储类型。局部变量使用 static 存储类型时，就变得和普通的局部变量不一样了。静态变量在程序加载时，就会分配好内存并进行初始化，如果没有在定义静态变量时赋初值，则静态变量会默认初始化为 0；调用函数时，静态变量就不再进行赋初值的操作了；静态变量占用的存储空间在函数返回时不会释放，下一次调用函数时，静态变量的初值保持为上一次函数退出时的值。

全局变量一定会采用静态存储类型，所以通常不需要进行静态存储类型说明。全局变量同样是在程序加载时进行内存分配和初始化的，同样会在未赋初值时默认清零。全局变量与静态局部变量都能作为数据在函数退出时的存储工具，但是它们的作用域是不一样的。静态局部变量在函数内使用，不容易与其他变量产生命名冲突，也不会被其他函数错误修改，因而安全性较高。

（3）寄存器变量

在计算机的存储器中，还有一种集成在 CPU 中的特殊存储器——寄存器。因为寄存器的读写速度比内存快，所以用寄存器来存储变量能够提高程序的运行速度。在定义局部动态变量或者形参的时候，可以使用 register 存储类型说明符，使变量可以存储在寄存器中，这样的变量也叫作寄存器变量。

使用 register 存储类型说明符，只是建议编译器将变量存储在寄存器中，并不能保证变量一定能存储在寄存器中。CPU 中的寄存器数量很有限，只能将很少的变量定义为寄存器变量。当寄存器不够分配的时候，寄存器变量就会被当作普通的自动变量来处理。所以，在程序中，应该只将真的需要高性能的动态变量或形参定义为寄存器变量，避免挤占寄存器空间，全局变量、静态变量都不能定义为寄存器变量。

任务实现

首先假设被乌鸦找到的这个瓶子的容积是 10，其中已经有了一些水，但是乌鸦看不见水位的高低。当乌鸦试着喝水的时候，如果水位低于 8，乌鸦就喝不到水，否则每次乌鸦能喝到一口水，水位降低 1。乌鸦可以向瓶子里扔石头，每扔进一块石头水位就上升 1，石头扔多了水就会溢出。

游戏中，乌鸦接收操作者的命令，扔石头或者喝水。操作者通过按键来给游戏中的乌鸦发出命令：S 键代表扔石头（stone），D 键代表喝水（drink）。

主函数主要是一个循环结构。循环体中，首先读取操作者按的键，然后根据按键来判断应该调用扔石头函数还是喝水函数。在扔石头函数中，主要判断容器中增加一块石头之后，水会不会溢出；在喝水函数中，主要判断目前的水位乌鸦能不能喝到水，以及统计喝水量。乌鸦喝水的游戏代码如下。

```
1    #include <stdio.h>
2    #include <conio.h>
3    //-------------------------------------------------------------------
4    int DrinkWater()
5    {
6        extern int water, stone;          //声明全局变量
7        static int drink = 0;             //定义静态变量：统计已喝到的水的量
```

```
8          int waterPosition = water + stone; //自动变量: 水位
9
10         if(waterPosition< 8)
11             printf("水位过低, 喝不到! \n");
12         else
13         {
14             water--;
15             drink++;
16             printf("喝到了一口水。\n");
17         }
18         return drink;
19  }
20  //--------------------------------------------------------------
21  void AddStone()
22  {
23      extern int water, stone;            //声明全局变量
24      register int waterLevel;            //定义寄存器变量
25
26      stone++;
27      printf("增加一块石头。\n");
28      waterLevel = water + stone;
29      if(waterLevel > 10)
30      {
31          printf("石头太多, 水已经溢出了! \n");
32          water--;
33      }
34  }
35  //--------------------------------------------------------------
36  int water=5; //全局变量: 容器中水的量
37  int stone=0; //全局变量: 扔进瓶中石头的数量
38  main()
39  {
40      int d;
41      printf("操作方法: S 键往瓶子加石头, D 键开始喝水\n");
42      while(water>0)
43      {
44          int k = getch();            //语句块内的局部变量: 存储操作按键的 ASCII 值
45          if(k == 's' || k == 'S')
46              AddStone();
47          else if(k =='d' || k == 'D')
48              d = DrinkWater();       //变量 d 用于缓存已喝到的水的统计量
49      }
50      printf("\n 游戏结束: 一共喝到%d 口水, 扔进%d 块石头。\n", d, stone);
51  }
```

程序主要由 3 个函数组成, 除主函数之外, 还有自定义函数 DrinkWater()和 AddStone()。同时, 程序中还使用了多种类型的变量, 下面分别来看一看它们在程序中的作用。

water 和 stone 这两个全局变量是程序中最重要的变量, 分别保存瓶子中水的量和石头的数量。将 water 和 stone 相加就是水位, 水位可用来判断乌鸦能不能喝到水, 以及扔石头时水会不会溢出。计算出的水位在 DrinkWater()函数中使用自动变量 waterPosition 存储, 在 AddStone()函数中使用寄存

器变量 waterLevel 存储，这两个变量的作用是相同的。

　　已喝到的水的量在 DrinkWater() 函数中用静态变量 drink 来记录。因为静态变量的特性，它保存的数据在退出函数时也不会丢失，所以能统计出乌鸦一共喝了多少口水。当然，因为 drink 是函数 DrinkWater() 中的局部变量，所以主函数不能直接获取它的数据。为了在主函数中输出统计结果，每次从 DrinkWater 返回时，将 drink 的值作为返回值"带回"主函数中，缓存在局部变量 d 中。

　　主函数的循环体中还定义了代码块中的局部变量 k，用来保存读取的按键的 ASCII 值。因为变量 k 中的数据只需要在循环体中用来判断给乌鸦发出什么命令，所以使用代码块内的局部变量是最合适的。程序中考虑了对大、小写字母的兼容性，所以第 45、47 行的判断语句使用了逻辑或表达式。

　　程序中使用了全局变量、局部变量、自动变量、寄存器变量、静态变量，对这些变量的使用方法进行对比演示是本任务的主要目的。乌鸦喝水游戏的程序运行结果如图 8-10 所示。

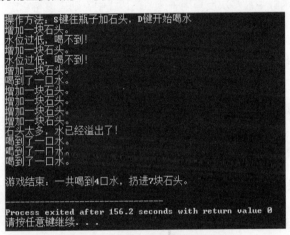

图 8-10　乌鸦喝水游戏的程序运行结果

拓展任务　俄罗斯方块之光标跳转

　　用函数实现俄罗斯方块中的光标跳转功能。

　　C 语言的 windows.h 包含了 Windows 所提供的 API，利用这些 API 可以实现一些与系统有关的复杂操作，如设置屏幕光标位置。

　　在俄罗斯方块中可能要进行光标跳转，将光标移动到指定位置。可以将光标跳转的代码封装成一个函数 void GT_CursorJump(int x, int y)，在程序中进行光标跳转可以调用该函数。

```
1   #include <windows.h>
2   void GT_CursorJump(int x, int y)
3   {
4   COORD pos; //定义光标位置的结构体变量
5   pos.X = x; //横坐标设置
6   pos.Y = y; //纵坐标设置
7   HANDLE handle = GetStdHandle(STD_OUTPUT_HANDLE); //获取控制台句柄
8   SetConsoleCursorPosition(handle, pos); //设置光标位置
9   }
```

　　程序的第 2~9 行定义了一个函数 GT_CursorJump()，该函数没有返回值，所以返回类型为 void，函数有两个形参 x、y，它们代表光标要跳转的目标位置的横坐标和纵坐标；第 7 行中的 GetStdHandle 是一个 Windows API 函数，这里获取的就是控制台句柄；第 8 行的 SetConsoleCursorPosition(handle, pos) 用于将光标移动到 pos 指定的位置。

课后习题

一、选择题

1. 若有函数定义为 void fx(int a){...}，则下面说法错误的是（　　）。

    A. 函数类型为 void　　B. 函数类型为 int　　　　C. 函数标识符为 fx　　　D. 形参为 a

2. 若函数中某变量定义为 static int a=0;，则变量 a 是一个（　　）。

    A. 全局变量　　　　　　B. 寄存器变量　　　　　C. 局部静态变量　　　　D. 自动变量

3. 若一个变量需要在多个函数中使用，则应该将它定义为（　　）。

    A. 全局变量　　　　　　B. 寄存器变量　　　　　C. 局部静态变量　　　　D. 自动变量

4. 若一个变量在函数中被多次反复用于运算表达式中，则应该将它定义为（　　）。

    A. 全局变量　　　　　　B. 寄存器变量　　　　　C. 局部静态变量　　　　D. 自动变量

5. 下列程序的运行结果是（　　）。

```
int fx(int x) { int y=123;  return x+y; }
main() { int x=321;  printf("%d", fx(x)); }
```

    A. 123　　　　　　　　B. 321　　　　　　　　C. 444　　　　　　　　D. 333

6. 下列程序的运行结果是（　　）。

```
int fx(void) { static int y=100;  y++;  return y; }
main() {printf("%d", fx());  printf("=> %d", fx()); }
```

    A. 100=>101　　　　　B. 101=>100　　　　　C. 101=>102　　　　　D. 102=>101

7. C 语言程序一般是由一个或多个（　　）组成的。

    A. 函数　　　　　　　　B. 变量　　　　　　　　C. 表达式　　　　　　　D. 运算符

8. 所谓"递归调用"，是指函数对（　　）的调用。

    A. 库函数　　　　　　　B. 主函数　　　　　　　C. 其他函数　　　　　　D. 函数自己

9. 在函数中可以使用（　　）。

    A. 其他源文件中定义的全局变量　　　　　　B. 其他函数中定义的局部变量

    C. 其他源文件中定义的寄存器变量　　　　　D. 其他函数中定义的静态变量

10. 头文件一般不能用于（　　）。

    A. 声明全局变量　　　B. 定义全局变量　　　　C. 定义符号常量　　　D. 声明函数

二、编写程序

1. 编写一个函数，有一个 char 型参数，若传入的参数是小写字母，则将它转换成大写字母后返回，否则返回参数原始值。

2. 编写一个函数，利用静态变量，统计该函数被调用的次数。

3. 编写一个程序，在自定义函数中计算出全局数组中前 n 个数据的平均值，并在主函数中进行输出。

4. 编写一个程序，输入任意正整数 n，计算出 $1 + 1/2 + 1/3 + ... + 1/(n-1) + 1/n$ 的值。

5. 编写一个程序，输入任意正整数 n，找出它的最大质因数。

单元9
编译预处理

09

知识目标

1. 了解编译预处理命令的功能和特点。
2. 掌握有参数宏定义和无参数宏定义的使用方法。
3. 掌握文件包含处理命令的使用方法。
4. 了解条件编译的几种结构形式。
5. 了解宏替换的概念。

能力目标

1. 能够使用编译预处理命令。
2. 能够定义有参数宏和无参数宏。
3. 能够使用条件编译的几种结构形式。
4. 具有编写有参数宏定义的能力。

素质目标

1. 培养解决复杂问题的能力。
2. 培养创新能力。

单元任务组成

本单元主要学习预处理命令和宏定义等内容，由3个任务贯穿本单元知识点，任务组成情况如图9-1所示。

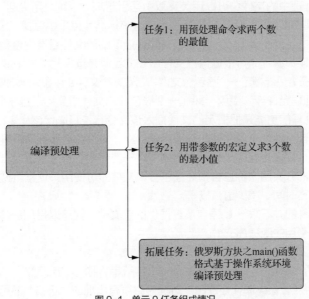

图9-1　单元9任务组成情况

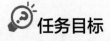

任务 1　用预处理命令求两个数的最值

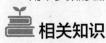

任务目标

用带参数的宏定义和条件编译命令求两个数的最值。

相关知识

知识点 1：预处理命令

（1）编译预处理基础知识

编译预处理在形式上是源程序中以"#"为标识的语句命令，如包含命令#include、宏定义命令#define 等。在 C 语言的源程序中，这些命令一般放在主函数之外，且放在源文件的前面，它们被称为预处理命令，因为这些命令与函数内部语句不同，是在进行编译的第一遍扫描（词法扫描和语法分析）之前所做的工作，所以被称为编译预处理。经过预处理的源程序将被编译成扩展名为.obj 的目标文件，最后进行目标文件链接，生成扩展名为.exe 的可执行文件。

C 语言提供了多种预处理功能，如宏定义、文件包含、条件编译等。合理地使用预处理功能编写程序可便于进行程序阅读、修改、移植和调试，也有利于模块化程序设计。本单元介绍常用的几种预处理功能。

（2）文件包含预处理

文件包含预处理是指一个文件将另一个文件的全部内容包含进去的处理过程，即将另一文件包含到本文件中。C 语言提供了#include 编译预处理命令实现文件包含操作，其一般格式如下。

```
#include <包含文件名>
```

或者

```
#include "包含文件名"
```

格式说明如下。

① 文件包含预处理中的文件名可以用英文双引号引起来，也可以用尖括号括起来。

② 这两种格式是有区别的：使用尖括号表示在系统标准库目录中查找，系统标准目录是由用户在设置环境时设置的；使用英文双引号表示首先在当前的源文件目录中查找，若未找到才到系统标准库目录中查找。用户编程时可根据自己文件所在的目录来选择某一种命令形式。

③ 一个#include 命令只能指定一个被包含文件，若有 n 个文件要包含，则需使用 n 个#include 命令。

④ 文件包含预处理允许嵌套使用，即在一个被包含的文件中又可以包含另一个文件。

⑤ 文件包含预处理的功能是把指定的文件插入该命令行位置取代该命令行，从而把指定的文件和当前的源程序文件连接成一个源文件。在程序设计中，文件包含预处理是很有用的。一个大的程序可以分为多个模块，由多个程序员分别进行编程。一些公用的符号常量或宏定义等可单独组成一个文件，在其他文件的开头用文件包含预处理包含该文件即可使用。这样可避免在每个文件开头都书写公用量，从而节省时间，减少出错概率。

能够用作包含文件的并不限于 C 语言系统提供的头文件，还可以是用户自己编写的命名文件和其他要求在本文件中引用的源程序文件。

（3）无参数宏定义

C 语言源程序中允许用一个标识符来表示一个字符串，称为"宏定义"，简称"宏"。被定义为宏的标识符称为"宏名"。在编译预处理时，对程序中所有出现的"宏名"都用宏定义中的字符串去替换，这称为"宏替换"或"宏展开"。

宏定义是由源程序中的宏定义命令完成的。宏替换是由预处理程序自动完成的。在 C 语言中，宏分为有参数宏和无参数宏两种，下面分别讨论这两种宏的定义和调用。无参数宏的宏名后不带参数，其定义的一般格式如下。

```
#define 标识符  字符串
```

定义说明如下。

① 其中的"#"表示这是一条预处理命令，define 是宏定义关键字。

②"标识符"为所定义的宏名，通常为大写字母形式，以便于与程序中的变量区分。

③"字符串"可以是常数、表达式、格式字符串等。

④ 在#define、标识符、字符串之间一般用空格隔开。在行末一般不加分号，如果加上分号，则连同分号一起被替换。

⑤ 宏定义必须写在函数之外，宏名的作用域为宏定义命令开始到源程序结束。如果中途要终止其作用域，则可以使用#undef命令。

⑥ 若宏名在源程序中用引号引起来，则预处理程序不对其做宏替换，程序运行时按字符串处理。例如：

```
#define DA 6.543218
```

这条预处理命令表示定义了一个符号常量 DA，在程序预处理中，源程序中的 DA 都会用数值 6.543218 替换。如果要终止 DA 的作用域，则可以使用#undef DA 命令实现。

在实际应用中，宏定义除了进行常数、表达式替换外，还经常将字符数较多的字符串用一个标识符替换，以减少程序中多处引用长字符串的书写工作量。宏定义可以表示数据类型，如#define AD int，在程序中可用 AD 替换数据类型 int。宏定义可以嵌套使用，嵌套的宏名可以引用已经定义的宏名，在宏展开时由预处理程序进行层层替换。

在日常生活中，圆的面积计算是常见的应用，圆的面积公式是 $S=\pi R^2$，确定了半径 R 的值就可以确定圆的面积的值。下面使用无参数宏定义来计算圆的面积，学习什么是编译预处理，如应用举例 9-1 所示。

应用举例 9-1：采用无参数宏定义计算圆的面积

```
1   #include <stdio.h>
2   #define  PI  3.1415926              //定义 π 值
3   #define  R  2                       //定义圆的半径值
4   #define  S  "The Area Is:"          //定义圆面积输出提示
5   #define  L  PI*R*R                   //定义面积表达式
6   main( )                             //程序的主函数
7   {
8       printf("%s %f\n",S,L);          //以给定提示字符串输出圆的面积的值
9   }
```

程序的第 1 行是文件包含预处理语句，执行该语句后，程序中就可以使用 stdio.h 头文件中的相关定义和函数；第 2～4 行使用无参数宏命令定义了圆周率 PI、圆的半径 R、圆面积输出提示信息，执行相关语句后，在后面的程序运行中将会用 3.1415926 替换 PI、2 替换 R、The Area Is:替换 S；第 5 行使用宏命令定义了圆面积计算的表达式，注意，这里使用了宏的嵌套，#define L PI*R*R 语句中的 PI 和 R 是预先定义的圆周率和半径标识符，编译预处理时会用 3.1415926 和 2 替换相应的宏名 PI 和 R；第 8 行为屏幕输出显示，在函数 printf()的执行过程中，S 会被替换为 The Area Is:、L 会被替换为 3.1415926*2*2 来进行程序的显示和计算。

运行结果中定义的半径是 2，面积是 12.566370，按输出格式要求在屏幕上正确显示。应用举例 9-1 运行结果如图 9-2 所示。

图 9-2　应用举例 9-1 运行结果

知识点 2：有参数宏定义

C 语言允许宏定义中带参数，宏定义中的参数为形参，宏调用中的参数为实参。对于带参数的宏，在调用中，不仅要宏展开，还要用实参去替换形参。有参数宏定义的一般格式如下。

#define 宏名(形参表)　表达式字符串

表达式字符串中包含各个形参。有参数宏调用的一般格式如下。

宏名(实参表)

格式说明如下。

① 有参数宏定义中，宏名和形参表之间不能有空格出现。

② 在有参数宏替换的过程中，可用宏调用提供的实参直接置换宏定义命令中的相应形参，表达式字符串中的非形参字符串保持不变。

③ 形参不分配内存单元，因此不必做类型定义。而宏调用中的实参有具体的值，要用它们去替换形参，因此必须做类型说明，这与函数中的情况不同。在函数中，形参和实参是两个不同的量，各有自己的作用域，调用时要把实参值赋予形参，进行值传递。而在有参数宏中，只是符号替换，不存在值传递的问题。同一表达式用函数处理与用宏处理的结果有可能是不同的。

④ 宏定义中的形参是标识符，而宏调用中的实参可以是表达式。

⑤ 在宏定义中，字符串内的形参通常要用括号括起来以避免出错。

应用举例 9-1 中已经学习了在 C 语言程序中使用文件包含预处理和无参数宏定义编写一个计算圆的面积的程序，那么如何使用有参数宏定义计算圆的面积呢？下面将通过应用举例 9-2 学习有参数宏定义的使用方法。

应用举例 9-2：采用有参数宏定义计算圆的面积

```
1    #include <stdio.h>
2    #define  PI  3.1415926             //宏定义圆的 π 值
3    #define  R  "The Radius Is:"       //宏定义圆半径的输入提示
4    #define  L  "The Area Is:  "       //宏定义圆面积输出提示
5    #define  S(r) PI*r*r               //有参数宏定义圆面积计算的表达式
6    main()
7    {
8      float r,area;                    //定义圆的半径和面积变量
9      printf("%s\n",R);                //按给定控制要求显示半径输入提示
10     scanf("%f",&r);                  //输入半径
11     area=S(r);                       //用有参数的宏定义计算圆面积
12     printf("%s %f\n",L,area);        //按给定控制要求显示面积值
13   }                                  //主程序结束
```

程序的第 1 行是文件包含预处理语句；第 2～4 行使用宏命令定义了圆周率 PI、圆半径 R 输入提示信息、圆面积输出提示信息，需要注意的是，对字符串常量需要使用引号，否则编译不通过；第 5 行使用带参数的宏命令定义了圆面积计算的表达式，表达式中的圆的半径 r 是一个浮点型变量，在主函数中需要先定义后使用；第 8～10 行定义了圆的半径和面积变量、半径输入提示、输入的半径值。第 11 行是面积计算语句，对有参数宏定义进行调用。

应用举例 9-2 运行结果如图 9-3 所示，结果中第 1 行提示输入半径，第 2 行为输入的半径值，第 3 行显示了面积计算结果。

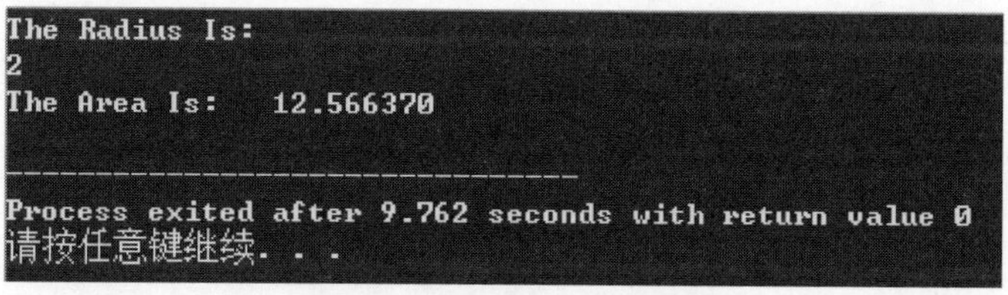

```
The Radius Is:
2
The Area Is:     12.566370
_____
Process exited after 9.762 seconds with return value 0
请按任意键继续. . .
```

图 9-3　应用举例 9-2 运行结果

知识点 3：条件编译

条件编译允许开发者基于预定义的条件来控制源代码中哪些部分会被编译器处理及包含到最终的可执行文件中。这种方式对于实现代码的灵活性、可维护性和跨平台兼容性非常有帮助。条件编译是通过预编译指令来实现的，主要形式如下。

（1）第一种形式：#if-#else-#endif

该结构的一般格式如下。

```
#if 常量表达式
    程序段 1
#else
    程序段 2
#endif
```

功能：如常量表达式的值为真（非 0），则对程序段 1 进行编译，否则对程序段 2 进行编译。它与 if 条件语句的区别如下：if 条件语句会对整个源程序进行编译，生成的目标代码程序可能会很长；采用条件编译时，会根据条件只编译其中的程序段 1 或程序段 2，生成的目标程序较短。如果条件选择的程序段很长，则采用条件编译的方法的好处将十分明显。

#if 结构还有一种简化形式为#if-#endif。

```
#if 常量表达式
    程序段
#endif
```

功能：如常量表达式的值为真（非 0），则对程序段进行编译，否则不编译该程序段。

（2）第二种形式：#ifdef-#else-#endif

该结构的一般格式如下。

```
#ifdef 标识符 (宏名)
    程序段 1
#else
    程序段 2
#endif
```

或者

```
#ifdef 标识符
    程序段
#endif
```

功能：如果标识符在使用前已被#define 命令定义过，则对程序段 1 进行编译，否则对程序段 2 进行编译；如果没有程序段 2，即没有#else 部分，则当宏名未定义时可直接跳过#endif。

（3）第三种形式：#ifndef-#else-#endif

该结构的一般格式如下。

```
#ifndef 标识符
        程序段 1
#else
        程序段 2
#endif
```

或者

```
#ifndef 标识符
        程序段
#endif
```

第三种形式与第二种形式的区别是将"ifdef"改为了"ifndef"。"ifndef"的功能如下：如果标识符未被#define 命令定义过，则对程序段 1 进行编译，否则对程序段 2 进行编译。这与第一种形式的功能正好相反。

在办公文档编辑工作中，有时需要对文件中的英文字母进行大小写转换，计算机内部程序是如何实现转换的呢？下面将通过应用举例 9-3 来学习 C 语言通过条件编译语句实现字母大小写转换的过程。

应用举例 9-3：字母大小写转换程序

```
1     #include <stdio.h>
2     #define M 1                                      //宏定义
3     main()
4     {
5         char str[35]="Uppercase and Lowercase modes!",C; //定义字符数组和字符变量
6         int i;                                         //定义整型变量 i
7         i=0;                                           //为 i 赋初值
8         printf("初始字符串: Uppercase and Lowercase modes!\n");
9         printf("转换结果: ");
10        while((C=str[i])!='\0')                        //逐个提取字符串中的字符
11          {
12            i++;
13            #if M                                      //条件编译为真时执行
14              if (C>='a'&&C<='z')
15              C=C-32;                                  //转换为大写字母
16            #else                                      //条件编译为假时执行
17              if (C>='A'&&C<='Z')
18              C=C+32;                                  //转换为小写字母
19            #endif
20          printf("%C",C);                              //转换输出
21          }
22      printf("\n");
23    }
```

要实现大小写字母的逐字转换，首先需要知道转换的原理和方法。该应用举例中转换的原理是利用大小写字母的 ASCII 值的数值关系。大小写字母的 ASCII 值相差 32，英文字母的 ASCII 值加减数值 32 就实现了英文字母大小写之间的转换。例如，小写字母 a 的 ASCII 值是 97，减去 32 就是大写字母 A 的 ASCII 值 65。

程序的第 1～7 行是文件包含预处理命令、宏定义、字符数组和字符变量的定义、整型变量的定义和赋值；第 8、9 行为输出字符提示信息，用于提高程序运行结果的可读性；第 10～19 行是while 语句，该语句的作用是循环实现大小写字母的转换，从字符串中逐个提取字符，通过语句if (C>='a'&&C<='z')判断字符是否在小写字母 a～z 的范围内。

程序中的#define M 1 和#define M 0 是通过条件编译语句控制转换的结果（转换为大写或小写字

母）。宏定义 M 为 1 时执行的是条件语句#if 下面的大写字母转换，宏定义 M 为 0 时执行的是条件语句#else 下面的小写字母转换。

以上程序执行的是大写字母转换，应用举例 9-3 大写字母转换运行结果如图 9-4 所示。

```
初始字符串:Uppercase and Lowercase modes!
转换结果:UPPERCASE AND LOWERCASE MODES!

Process exited after 0.2372 seconds with return value 0
请按任意键继续. . .
```

图 9-4　应用举例 9-3 大写字母转换运行结果

如果将程序中的第 2 行语句改写为#define M 0，则执行的是 else 内的语句，实现的是小写字母转换，应用举例 9-3 小写字母转换运行结果如图 9-5 所示。

```
初始字符串:Uppercase and Lowercase modes!
转换结果:uppercase and lowercase modes!

Process exited after 0.2291 seconds with return value 0
请按任意键继续. . .
```

图 9-5　应用举例 9-3 小写字母转换运行结果

C 语言源程序一般情况下都要参与编译处理。但有时需要对程序代码进行优化考虑，希望只对满足条件的程序进行编译，形成目标代码，即对程序的一部分内容指定编译的条件，这称为条件编译，以便按不同的条件去编译程序不同的部分，产生不同的目标代码文件。

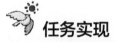 **任务实现**

最大值和最小值函数可通过有参数宏定义实现。两个数可能是整数，也可能是小数，所以将其定义为浮点数；操作数需要从键盘输入，在程序中需要采用键盘输入命令；可以采用条件编译语句，实现比较结果的选择显示，代码如下。

```
1    #include <stdio.h>
2    #define MIN(x,y)  (x>=y)?y:x              //有参数宏定义，求最小值
3    #define MAX(x,y)  (x>y)?x:y               //有参数宏定义，求最大值
4    #define M 1                              //无参数宏定义
5    main()
6    {
7        float min,max;                       //最大值和最小值变量定义
8        float x,y;                           //变量定义
9        printf("Please input one numbers:"); //变量输入提示
10       scanf("%f",&x);                      //变量输入
11       printf("Please input two numbers:"); //变量输入提示
12       scanf("%f",&y);                      //变量输入
13       min=MIN(x,y);                        //宏调用，求最小值
14       max=MAX(x,y);                        //宏调用，求最大值
15        #if M                  //条件编译，条件成立，输出最大值在前，最小值在后
16           printf("The max is: %5.2f\n",max);
17           printf("The min is: %5.2f\n",min);
18        #else                  //条件不成立，输出最小值在前，最大值在后
19           printf("The min is: %f5.2\n",min);
20           printf("The max is: %f5.2\n",max);
21        #endif
22   }
```

程序的第 1～4 行为程序预处理命令，使用了文件包含预处理、有参数宏定义最小值函数表达式和

最大值函数表达式，以及使用无参数宏定义了标识符为 M 的宏名；第 7～12 行定义了 4 个浮点变量、键盘输入命令和提示信息；第 13、14 行为有参数宏定义调用，求出了最大值和最小值；第 15～21 行采用了#if 条件编译命令，对两个操作数的比较结果进行不同显示，当 x 大于等于 y 时，最大值显示在前，当 x 小于 y 时，最小值显示在前。在条件编译语句中同时采用无参数宏名 M 作为判断条件。

用预处理命令求两个数的最值的程序运行结果如图 9-6 所示。第 1 行提示输入第一个操作数，第 2 行提示输入第二个操作数，第 3 行和第 4 行用于显示比较结果，运算结果显示正确。该任务综合应用了编译预处理的有参数和无参数宏定义、文件包含预处理、条件编译等相关知识点，读者需要仔细体会和掌握。

```
Please input one numbers:12
Please input two numbers:25
The max is: 25.00
The min is: 12.00

Process exited after 13.67 seconds with return value 0
请按任意键继续. . .
```
图 9-6　用预处理命令求两个数的最值的程序运行结果

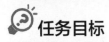

任务 2　用带参数的宏定义求 3 个数的最小值

任务目标

用带参数的宏定义求 3 个数的最小值，进一步熟悉编译预处理的带参数的宏定义知识点及其使用方法。

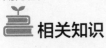

相关知识

知识点 1：有参数宏表达式的应用

宏定义也可用来定义多个语句，在宏调用时把这些语句替换到源程序内，如应用举例 9-4 所示。

应用举例 9-4：有参数宏表达式的应用

```
1   #include <stdio.h>
2   #define ABC(v,w,m)  v=x*y;w=x*z;m=x*y*z;          //有参数宏表达式的定义
3   main()
4   {
5       int x=2,y=3,z=4,vv,ww,mm;                     //定义了几个整型变量
6       ABC(vv,ww,mm);                                //有参数宏定义的调用
7       printf("vv=%d\nww=%d\nmm=%d\n",vv,ww,mm);     //屏幕输出显示
8   }
```

程序的第 2 行为宏表达式的定义，用宏名 ABC 定义了 3 个赋值语句，3 个形参(v,w,m) 分别为 3 个赋值语句左部的变量，在宏调用时，把 3 个语句展开并用实参替换形参，将计算结果送入实参之中；第 5 行定义了 6 个整型变量，并对 x、y、z 变量赋初值；第 6 行实现有参数宏 ABC()的调用；第 7 行为宏调用后，在屏幕上输出显示。应用举例 9-4 运行结果如图 9-7 所示。

```
vv=6
ww=8
mm=24

Process exited after 0.2069 seconds with return value 0
请按任意键继续. . .
```
图 9-7　应用举例 9-4 运行结果

知识点 2：宏定义使用过程中常见错误分析

（1）宏定义不需要在行末加分号，如果加了分号，则会连同分号一起进行替换。例如：

```
#define  P  3.14;
area=P*r*r;
```

经过宏替换后，该语句为 area=3.14;*r*r;，显然，置换结果与预期不一样，编译时会出现语法错误。

（2）因为有参数宏很像函数，所以要注意对表达式括号的应用。

错误写法：#define ADD(x,y) x+y

正确写法：#define ADD(x,y) (x+y)

（3）当程序涉及的工程文件较多时，容易重复包含头文件。

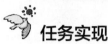 **任务实现**

通过有参数宏定义实现求最大值功能。这 3 个数可能是整数，也可能是小数，所以定义为浮点数；操作数需要从键盘输入，在程序中需要采用键盘输入命令；可以采用条件编译语句，实现比较结果的选择显示，代码如下。

```
1   #define MAX(a,b,c)  ((a)>(b)?(a):(b))>(c)?((a)>(b)?(a):(b)):(c)  //宏定义求最大值
2   #include <stdio.h>
3   int max(int x,int y,int z)    //定义函数求最大值
4   {
5        int max1;
6        int a=y>z?y:z;
7        max1=x>a?x:a;
8        return max1;
9   }
10  main()
11  {
12      int a,b,c;
13      printf("输入 3 个数: \n");
14      scanf("%d%d%d",&a,&b,&c);
15      printf("函数调用结果: %.3f\n",float(max(a,b,c)));   //强制转换为浮点数
16      printf("宏定义结果: %.3f\n",float(MAX(a,b,c)));
17      getchar();
18      return 0;
19  }
```

拓展任务 俄罗斯方块之 main() 函数格式基于操作系统环境编译预处理

```
1   #ifdef __unix__                          //UNIX/Linux 环境
2   int64_t main(int64_t argc, char **argv)
3   #elif defined(_WIN32) || defined(WIN32)   //Windows 环境
4   int64_t main()
5   #endif
6   {
7       gt_max = 0, gt_score = 0;            //变量初始化
8
9       system("title   [Game Tetris] ");   //设置窗口的名称
10      system("mode con lines=32 cols=65"); //设置窗口的大小，即窗口的行数和列数
11
12      GT_StashCursorInfo();                //隐藏光标
13      GT_ReadScore();                      //从文件中读取最高分到 max 变量中
14      GT_InitOperationInterface();         //初始化操作界面
```

```
15        GT_InitBlockInfo();                    //初始化方块信息
16
17        srand((unsigned int)time(NULL));       //设置随机数生成的起点
18        GT_StartGameTetris();                  //启动游戏
19
20        return EXIT_SUCCESS;
21  }
```

程序通过#ifdef判定__unix__宏是否已经被定义，如果#ifdef判定结果为真，则当前环境为Linux或UNIX，main()函数的头为int64_t main(int64_t argc, char **argv)；否则当前环境为Windows，main()函数的头为int64_t main()。

课后习题

一、选择题

1. 用于包含头文件，将其他文件中的内容插入当前文件中的编译预处理命令是（   ）。

    A. #include   B. #define   C. #pragma   D. #undef

2. 取消宏定义的编译预处理命令是（   ）。

    A. #include   B. #define   C. #pragma   D. #undef

3. 用于向编译器发出特定命令的编译预处理命令是（   ）。

    A. #include   B. #define   C. #pragma   D. #undef

4. 用于在预处理阶段产生错误信息的编译预处理命令是（   ）。

    A. #include   B. #error   C. #line   D. #undef

5. 用于修改行号和文件名的编译预处理命令是（   ）。

    A. #include   B. #error   C. #line   D. #undef

6. 以下程序中，while循环体执行的次数是（   ）。

```
#include <stdio.h>
#define S(x) ((x)+(x))
void main()
{ int i=1;
  while(i<10)
    printf("%d ",S(i++)*10);
}
```

    A. 3   B. 4   C. 5   D. 6

二、编写程序

例用#define定义一个比较大小的函数。

单元10
指针

10

知识目标

1. 了解指针和指针变量的基本概念。
2. 掌握指针变量的定义和引用方法。
3. 掌握数组的指针和指向数组的指针变量。
4. 掌握通过指针访问字符串的方法。
5. 掌握函数的指针和指向函数的指针变量。

能力目标

1. 能够运用指针间接引用变量并设计程序。
2. 能够运用指针指向数据并设计程序。
3. 能够运用指针处理字符串。

素质目标

1. 培养组织管理能力。
2. 培养知识应用能力。

单元任务组成

本单元主要学习变量的指针、数组的指针、字符指针和函数指针等内容，任务组成情况如图10-1所示。

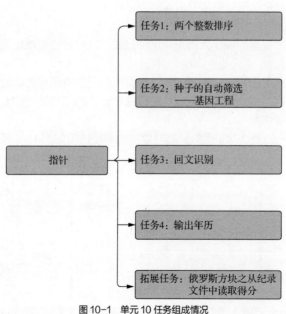

图 10-1　单元 10 任务组成情况

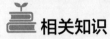 **任务 1** 两个整数排序

任务目标

输入两个整型数据，利用指针按大小顺序输出。

相关知识

知识点 1：指针的基本概念

一般来说，指针就是地址，是一种数据类型。要掌握指针的概念，有必要先了解数据在内存中是如何进行存储和访问的。

计算机内存中拥有大量存储单元，每个单元以字节为单位。系统按顺序为每个单元进行编号，每个单元具有唯一的编号，这个编号就是该单元在内存中的地址。

程序中所定义的变量经过编译系统处理后会给该变量分配相应的存储单元，存储单元所占字节数由变量的类型决定。通常整型变量占 4 个字节，字符型变量占 1 个字节，实型变量占 4 个字节。

一般情况下，经编译程序处理后，变量 a、b 在内存中的存储情况如图 10-2 所示。

变量 a、b 分别占内存中 4 个字节的存储单元，将内存单元地址为 2000～2003 的 4 个字节的存储单元分配给变量 a，将 2004～2007 的 4 个字节的存储单元分配给变量 b，并以首地址作为变量的地址。也就是说，变量 a、b 在内存中的物理地址分别为 2000 和 2004，一旦为变量分配了存储单元，在程序中对变量的操作实际上就是对内存单元的操作，代码如下。

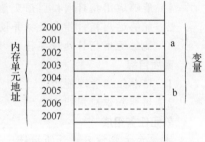

图 10-2　变量 a、b 在内存中的存储情况

```
int a=3, b=5;
```

以上代码将 3 和 5 分别赋予变量 a 和 b，实际上是将 3 和 5 分别送入内存单元地址 2000 和 2004，变量 a、b 的存取情况如图 10-3 所示。

迄今为止，程序中对变量的操作大都采用这种方式，这种按变量地址直接对变量的值进行存取的方式称为"直接访问"。

在访问变量时，如果不是直接按变量的地址取其值，而是将变量的地址存放在另一个存储单元中，那么要访问某变量时，先访问该变量地址的存储单元，再间接地访问变量，对变量进行存取操作，这种方式称为"间接访问"。

例如，针对 int *p1=&a,*p2=&b;语句，其对变量的间接访问如图 10-4 所示。

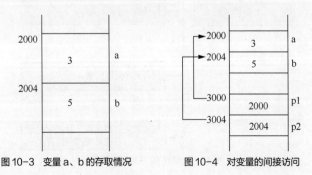

图 10-3　变量 a、b 的存取情况　　　　图 10-4　对变量的间接访问

要访问变量 a，首先访问变量 p1，即从该变量地址为 3000 的存储单元中取出 2000，也就是变量 a 的地址，然后通过这个地址间接地访问变量 a。

这里存放变量 a 的地址的单元也称为指向变量 a 的变量，即 p1 指向 a，p1 叫作指针变量，如图 10-5 所示。指针变量的内容（地址值）称为指针，可以说，指针就是地址，变量的指针就是变量的地址，存放地址的变量就是指针变量。经编译后，变量的地址是不变的量，而指针变量可根据需要存放不同变量的地址，因此它的值是可以改变的。

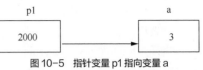

图 10-5　指针变量 p1 指向变量 a

知识点 2：指针变量的定义与引用

变量的指针就是变量的地址，可以用运算符"*"来定义指针变量，也可以用"*"表示"指向"关系来使用指针变量。

（1）指针变量的定义

指针变量是专门用于存放地址的变量，C 语言将它定义为"指针类型"。C 语言规定所有变量必须先定义后使用。

定义指针变量的一般格式如下。

```
类型标识符  * 指针变量名；
```

其中，"*"表示这是一个指针变量，变量名即定义的指针变量名，类型标识符表示此指针变量所指向的变量的数据类型。例如：

```
int *p1;
```

该语句表示 p1 是一个指针变量（注意不是*p1），它的值是某个整型变量的地址。或者说 p1 指向一个整型变量。至于 p1 究竟指向哪一个整型变量，应由向 p1 赋予的地址来决定。例如：

```
int *p2;        //p2 是指向整型变量的指针变量
float *p3;      //p3 是指向单精度类型变量的指针变量
char *p4;       //p4 是指向字符变量的指针变量
```

> **注意**　一个指针变量只能指向同类型的变量。例如，p3 只能指向单精度类型变量，而不能指向整型变量，也不能指向字符变量。

（2）指针变量的赋值

可以用赋值语句使一个指针变量指向一个变量，即把变量的地址赋予指针变量，运算符"&"表示求变量的地址。例如：

```
p1=&a;    p2=&b;
```

该语句表示将变量 a 的地址赋予指针变量 p1，将变量 b 的地址赋予指针变量 p2。也就是说，p1、p2 分别指向了变量 a、b。

也可以在定义指针变量的同时对其赋值。例如：

```
int a=3, b=5, *p1=&a, *p2=&b;
```

以上代码等价于以下代码。

```
int a, b, *p1, *p2;
a=3; b=5;
p1=&a; p2=&b;
```

在使用指针变量时应注意如下几点。

① p1 和 p2 前面的"*"表示该变量被定义为指针变量，不能理解为*p1 和*p2 是指针变量。

② 类型标识符规定了 p1、p2 只能指向该标识符所定义的变量类型，上面例子中的 p1、p2 所指

向的变量只能是整型变量。

③ 指针变量只能存放地址，不能将一个整型变量作为地址值赋予一个指针变量。

（3）指针变量的引用

读者可以通过指针运算符"*"引用指针变量，指针运算符可以理解为"指向"。

例如，printf("max = %d, min = %d\n", *p1, *p2); 输出的是 p1 和 p2 所指向的变量的值。

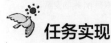
任务实现

使用键盘输入两个整数，要实现按大小顺序输出两个整数，只需比较两个数即可。下面将通过指针的引用来完成。

```
1    #include<stdio.h>                      //程序的预处理命令
2    main()                                 //程序的主函数
3    {
4        int a, b;                          //定义整型变量a和b
5        int *p1, *p2, *p;                  //定义3个指针变量：p1、p2、p
6        p1=&a; p2=&b;                      //为p1、p2赋值，使p1指向a、p2指向b
7         scanf("%d, %d", p1, p2);          //通过p1和p2输入a和b的值
8        if( *p1< *p2)
9           { p=p1; p1=p2; p2=p; }          //p1和p2交换，p1指向两个数中的较大者
10       printf("a = %d, b = %d\n", a, b);     //输出a和b的值
11        printf("max = %d, min = %d\n", *p1, *p2);
12    }                                      //主函数结束
```

程序的第 5 行 int *p1, *p2, *p;表示定义了 3 个整型指针变量；第 6 行 p1=&a; p2=&b;表示为指针变量赋值。两个整数排序的程序运行结果如图 10-6 所示。

```
3,5
a = 3, b = 5
max = 5, min = 3
-----------------------------------
Process exited after 16.85 seconds with return value 0
请按任意键继续. . .
```

图 10-6　两个整数排序的程序运行结果

任务2　种子的自动筛选——基因工程

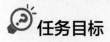
任务目标

广义的基因工程是一种按人们意愿设计，通过改造基因或基因组而改变生物的遗传特性的技术。如果想硕果累累，则需要在播种之前对种子进行筛选，挑选出颗粒饱满的种子。那我们该用何种方法来筛选呢？

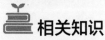
相关知识

知识点 1：一维数组与指针

前面已介绍过，在数组中可以通过数组的下标唯一确定数组的某个元素，这种访问方式称为下标法。

数组中的每个元素相当于相应类型的变量，指针变量可以指向一般的变量，也可以指向数组中的元素，即可以用指针法来访问数组中的元素。数组中的各个元素都是按顺序连续存放在内存单元中的，因此，只要知道一个数组的首地址（即第一个元素的地址），然后依次向下移动即可找到该数组的所有元素。

获得数组的首地址有以下两种方式。

① 通过数组中第一个元素的地址获得数组的首地址，如&a[0]。

② 通过数组名获得数组的首地址，数组名代表数组的首地址，如 int a[10], *p=a;。

通过数组名获得数组的首地址与下面两行代码等价。

```
int a[10], *p;    //定义数组 a 和指针变量 p
p=a;              //将数组 a 首地址赋予 p
```

以上语句定义了数组 a 和指针变量 p，p 为指向整型变量的指针变量；p=a 表示把数组的首地址（即&a[0]）赋予指针变量 p，称为 p 指向一维数组的元素 a[0]。

指针变量 p 指向数组 a 的首地址，p+1 代表数组元素 a[1]的地址，p+2 代表数组元素 a[2]的地址……p+i 代表数组元素 a[i]的地址。同样，a+i 代表数组元素 a[i]的地址。因此数组元素 a[i]的值可以用*(p+i)或*(a+i)表示，这种访问数组元素的方法称为指针法。指针法访问数组元素的示例如图 10-7 所示。

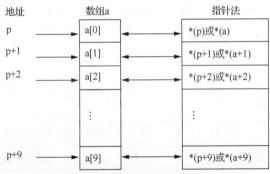

图 10-7　指针法访问数组元素的示例

对于数组元素的表示，下标法和指针法是等价的，即 a[i]=*(a+i)=*(p+i)。

> **注意**　数组名代表数组的首地址，是一个地址常量，不能改变它的值，如语句 a++;、++a;、a=a+l;都是错误的。而指针变量的值是可以改变的，如语句 p++;、++p;、p=p+i;都是正确的。

知识点 2：二维数组与指针

利用指针引用二维数组元素比引用一维数组更复杂，有些表示方式较难理解。我们要先理清楚二维数组的地址和元素之间的关系及表示方法，才能更好地理解指向二维数组的指针，更好地通过指针引用二维数组。例如：

```
int a[3][4], *p;
p=&a[0][0];
```

上面的定义表示：二维数组名为 a，它有 3 行、4 列共计 12 个元素。在 C 语言中，二维数组按行优先的规律转换为一维数组存放在内存中，数组元素在内存中的存储顺序及地址关系如图 10-8 所示。

在第 0 行中，各数组元素中均包含 a[0]，因此，可认为第 0 行是数组名为 a[0]的一维数组。同理，可认为第 1 行是数组名为 a[1]的一维数组。而 a[0]、a[1]、a[2]又可认为是数组名为 a 的一维数组中的 3 个元素，这样即可用一维数组的方法来处理复杂的二维数组。

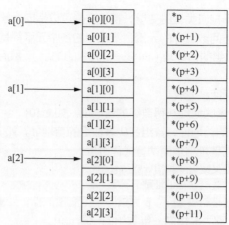

图 10-8　数组元素在内存中的存储顺序及地址关系

　　数组 a 包含 3 个一维数组名作为数组元素，故 a+i 为第 i 行的地址；而数组名 a[0]、a[1]、a[2] 分别指向列，故 a[0]+j 为第 0 行第 j 列的地址，可以推出 a[i]+j 必为第 i 行第 j 列元素的地址。

　　在二维数组中，a+i、&a[i]、a[i]、*(a+i)、&a[i][0]都表示地址，且地址值是相等的，但是它们的含义不一样。a+i 是指向行，即第 i 行的首地址；而 a[i]指向列，表示第 i 行第 0 列元素的地址（控制由行转为列，但仍为指针。a[i]=*(a+i) =&a[i][0]）。

　　由于 a 是二维数组，经过两次下标运算后才能访问到数组元素，这样*(a+i)或 a[i]就是数组元素 a[i][0]的地址，*(*(a+i))就是元素 a[i][0]；同样，*a[i]也表示数组元素 a[i][0]。第 i 行第 j 列元素地址及其元素值如表 10-1 所示。

表 10-1　第 i 行第 j 列元素地址及其元素值

第 i 行第 j 列元素地址	第 i 行第 j 列元素值
a[i]+j	*(a[i]+j)
*(a+i)+j	*(*(a+i)+j)
&a[i][j]	a[i][j]

下面通过应用举例 10-1 和应用举例 10-2 说明如何使用指针变量输出二维数组元素的值。

应用举例 10-1：使用列指针变量输出二维数组元素的值

```
1    #include <stdio.h>              //程序的预处理命令
2    int main()                      //程序的主函数
3    {
4        int a[3][4]={1,2,3,4,5,6,7,8,9,10,11,12};
5        int *p;
6        p=a[0];
7        printf("用列指针输出二维数组元素: \n");
8        for(;p<a[0]+12;p++)
9        {  if((p-a[0])%4==0)  printf("\n");
10           printf("%4d",*p);}
11       printf("\n");
12       }
```

　　以上程序中，p 是一个指向整型变量的指针变量，p=a[0]表示 p 指向列元素，二维数组是按行序存储的，因此执行 p++会使 p 指向下一个元素。a[0]表示第一行的列元素的首地址，a[0]+11 表示 a[3][4] 二维数组中最后一个元素的地址。应用举例 10-1 运行结果如图 10-9 所示。

图 10-9 应用举例 10-1 运行结果

应用举例 10-2：使用行指针变量输出二维数组元素的值

```
1   #include <stdio.h>              //程序的预处理命令
2   int main()                      //程序的主函数
3   {
4       int a[3][4]={1,2,3,4,5,6,7,8,9,10,11,12};
5       int(*p)[4],i,j;
6       p=a;
7       printf("用行指针输出二维数组元素: \n");
8       for(i=0;i<3;i++)
9       {  for(j=0;j<4;j++)
10      printf("%4d",*(*(p+i)+j));
11          printf("\n");
12      }
13  }
```

应用举例 10-2 运行结果如图 10-10 所示。

图 10-10 应用举例 10-2 运行结果

以上程序中，int (*p)[4]定义 p 为指针变量，它指向包含 4 个元素的一维数组，即指向二维数组 a 的各行。这种行指针变量是定义指向由 n 个元素组成的一维数组的指针变量，其定义格式如下。

数据类型　　　(*指针变量)[n];

注意 "*指针变量"外的括号不能缺少，(*p)[4]不要误写为*p[4]（后者表示指针数组）。

由于 p 定义为指向行的指针变量，为 p 赋值时不能为 p=a[0];，而应为 p=a;。此时，p 指向第 0 行，p+i 指向第 i 行，而不是第 i 列元素。

若二维数组元素的行、列下标为 i、j，则数组元素表示为*(*(p+i)+j)，注意不可写为*(*(p+i+j))。

 任务实现

定义一个数组，用来存放种子的大小，然后对数组进行从大到小的排序，选出较大的一半种子。排序的方法可以选择冒泡法，数组元素的表示用指针来完成。

```
1   #include<stdio.h>              //程序的预处理命令
2   main()                        //程序的主函数
3   {   int a[10],*p=a;           //p 指向数组 a 的首地址
4       int i,j,t;
5       printf("\n\t 种子的自动筛选——基因工程\n\n");
6       printf("请输入各粒种子的大小: \n");
7       for(i=0;i<10;i++)
```

```
8          scanf("%d",p+i);           //用 p+i 表示 a[i]的地址
9      p=&a[0];                        //因为 p 值已改变，重新使 p 指向数组 a 的首地址
10     for(i=1;i<10;i++)
11       for(j=0;j<10-i;j++)
12       { if(*(a+j)<*(a+j+1))        //用指针法表示数组元素
13          {   t=a[j];a[j]=a[j+1]; a[j+1]=t;    }      //用下标法表示数组元素
14       }
15     printf("\n 符合条件的种子的大小为：\n");
16     for(i=0;i<5;i++)
17       printf("%6d",*p++);          //用指针法表示数组元素
18     printf("\n");
19   }                                //主函数结束
```

程序的第 3 行定义了一个指针变量 p，指向数组 a 的首地址；第 8 行通过指针来表示数组元素的地址，p+i 即&a[i]；第 17 行的*p 表示 p 所指向的数组元素。种子的自动筛选——基因工程的程序运行结果如图 10-11 所示。

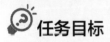

图 10-11　种子的自动筛选——基因工程的程序运行结果

任务3　回文识别

任务目标

回文是指正读和反读时字符及其顺序完全相同的词或句子，如"123 321""哈哈"都是回文。迄今为止所知最为经典的中文回文当属"上海自来水来自海上"，该句子从右向左与从左向右读，字、字序及意义完全一样，且通俗、自然。英语中比较知名的回文句子如"DOT saw I was TOD"，该句子从右向左与从左向右读，字母、读音与意义完全一样。

相关知识

知识点 1：字符指针

从前面的学习中可知，字符串在内存中的存储与数组类似，是存储在一块连续的内存空间中的，系统自动在结尾处加上"\0"表示结束。这样，如果知道了字符串的首地址，就可以通过指针进行字符串的处理。

从本单元任务 2 中数组和指针的关系可知，利用指针处理连续的内存单元是非常方便的。因此，可以用指针来处理字符串。将字符串的首地址赋予一个字符型指针变量，该指针变量便指向这个字符串。

定义字符指针的方式如下。

```
char *指针变量名;              //定义时不进行初始化赋值
char *指针变量名=字符串常量;    //定义时进行初始化赋值
```

例如：

```
char *s= "This is a string";
```

这里，s 被定义为指向字符型指针的变量。此后，将字符串"This is a string"的首地址赋予指针变量 s，通过指针变量名也可以输出一个字符串，如 printf("%s",s);。

在字符指针变量中仅存放字符串常量的首地址，字符串常量的内容由系统自动为其分配存储空间，并在字符串尾加上结束符"\0"。

除了在定义时对指针进行初始化赋值外，还可以在程序中进行初始化赋值。上面的语句可改为下面的形式。

```
char *s;
s="This is a string";
```

定义了字符指针后，就可以在程序中对其进行引用。使用指针进行字符串的引用时，既可以单个引用字符，又可以整体引用一个字符串。例如：

```
main()
{ char *str="This is a string."; //定义一个字符指针并初始化赋值
  printf("%s\n",str);             //通过字符指针输出字符串
  str=str+10;                     //改变指针的值
  printf("%c\n",*str);            //输出单个字符
}
```

运行结果如下。

```
This is a string.
s
```

知识点 2：字符指针与字符数组的区别

虽然用字符数组和字符指针都可以处理字符串，但它们是有区别的。

字符数组在定义时，不论是否进行初始化，都会为其分配存储空间以存储数组的内容，它存储的是字符串本身的内容。而定义一个字符指针变量时会为指针变量分配内存单元，此单元可存储一个地址值，即该指针变量可用来指向一个字符数组（也可以用来指向单个字符、字符串、另一个字符指针），但如果未对它赋地址值，那么它指向的对象是不确定的。

在使用指针和数组进行字符串处理的过程中，指针可以通过赋值运算进行改变，数组名则不能改变。字符数组一旦定义，其存储空间就是固定的，任何时候都可以通过数组名对数组进行访问。字符指针变量只是一个指向内存地址的指针，它在程序中改变后就不再指向原来的内容，这一点需要注意。

字符数组只能在初始化时进行字符串的整体赋值，在程序运行过程中则不能，因为字符数组名是一个常量，在程序中只能引用，不能改变。而字符指针变量既可以在初始化时进行字符串的整体赋值，又可以在程序运行中进行赋值。因为字符指针只是一个指针，在程序中可指向任一位置，在赋值后将指向所赋字符串的内存单元的首地址。

有如下定义。

```
char *str1="This is a string";
char str2[100]= "That is another string";
```

其中，str1 是一个指针变量，它指向的是字符串的首地址，str1 的值是可以改变的，即 str1 可以指向不同的内存单元；str2 是一个数组名，是将字符串的内容送入数组中，str2 的值不能改变，也就是说，str2 的值也是一个内存单元的地址，但是地址不能被改变。

所以，下面的语句是正确的。

```
str1++;
str1="Computer";
str1=str2;
strcpy(str2,"How are you");
strcat(str2,str1);
```

而下面的语句是错误的。

```
str2++;                    //不能对数组名进行++运算
str2="How are you";        //不能对数组名进行赋值操作
str2=str1;                 //不能对数组名进行赋值操作
```

 任务实现

实现回文识别时，首先定义两个指针变量 p 和 q，使 p 指向字符串中的第 1 个字符，q 指向字符串中的最后一个字符；然后比较这两个字符，如果字符相等，则使 p 指向下一个字符，q 指向上一个字符，再进行比较；重复以上操作，直至 p≥q；在比较过程中，如果某两个字符不相等，则立即停止比较。

```
1      #include<stdio.h>              //程序的预处理命令
2      main()
3      {    char a[100],*p,*q;        //定义一个字符数组和两个字符指针
4           p=a;q=a;
5           printf("\t 回文判断\n\n");
6           printf("请输入一个字符串: \n");
7           gets(a);
8           while(*q!='\0')
9               q++;
10          q--;
11          while(p<q)
12              if(*p!=*q)
13                  break;
14              else
15              {    p++;
16                   q--;
17              }
18          if(p<q)
19              printf("\"%s\"不是回文! \n",a);
20          else
21              printf("\"%s\"是回文! \n",a);
22     }                              //主函数结束
```

程序的第 3、4 行定义了 2 个字符指针 p、q 和一个字符数组 a，并使指针都指向字符数组；第 7 行输入字符数组的值；第 8～10 行通过循环使 q 指向字符串的最后一个字符；第 11～17 行通过循环比较 p 和 q 所指向的字符是否一样，如果不同则结束比较，如果相同则比较下一个字符。回文识别的程序运行结果如图 10-12 所示。

图 10-12　回文识别的程序运行结果

任务4　输出年历

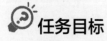 **任务目标**

输出年历，输入任一年份，输出该年每个月的日历。

 相关知识

知识点 1：指向函数的指针

在定义一个函数后，编译系统就为每个函数确定了一个入口地址，当调用该函数的时候，系统就会从这个入口地址开始执行该函数，这个入口地址称为函数的指针。可以定义一个指向函数的指针变量，将函数入口地址赋予指针变量，并通过指针变量调用此函数。其定义方式如下。

    类型标识符 (*指针变量)();

其中，类型标识符为函数返回值的类型；C 语言中"()"的优先级比"*"高，所以"*指针变量"必须用括号括起来。例如，int (*p)(int); 定义了一个指向函数的指针变量 p，该函数的返回值是一个整型数据。

和变量的指针一样，函数的指针也必须赋初值才能指向具体的函数。因为函数名代表该函数的入口地址，所以可以直接用函数名为函数指针赋值。在为函数指针变量赋值时，只需给出函数名而不必给出参数。

    函数指针=函数名；

当一个指针指向一个函数时，通过访问该指针，就可以访问它所指向的函数。指针变量 p 只能指向函数的入口处，不能对 p 做 p++、*(p++)等运算。

知识点 2：指针函数返回值

函数的返回值可以是整型、实型、字符型，也可以是指针类型。返回指针的函数的一般格式如下。

    数据类型 *函数名(参数列表)
     {
       …
     }

其中，数据类型后面的"*"表示函数的返回值是一个指向该数据类型的指针。

这里使用指针函数求两个数中的较大值，如应用举例 10-3 所示。

应用举例 10-3：使用指针函数求两个数中的较大值

```
1    #include <stdio.h>              //程序的预处理命令
2    int *max(int *p,int *q)
3    {  int *k;
4        k=*p>*q?p:q;
5        return(k);
6    }
7    int main()                      //程序的主函数
8    {  int x,y,*pm;
9        printf("请输入 x 和 y 的值: \n");
10       scanf("%d,%d",&x,&y);
11       pm=max(&x,&y);
12       printf("%d 和%d 中较大值为%d\n",x,y,*pm);
13   }
```

程序的第 2～6 行定义了一个指针函数，其作用是通过比较两个指针元素所指向变量的值的大小，返回其中较大值的指针。

应用举例 10-3 运行结果如图 10-13 所示。

图 10-13 应用举例 10-3 运行结果

任务实现

本任务的程序设计的关键点有 3 个：确定该年 1 月 1 日是星期几；确定每月有多少天，关键是确定该年是否为闰年；设计数据存储方式和输出格式。该年 1 月 1 日是星期几可用公式(year+(year-1)/4-(year-1)/100+(year-1)/400)%7 计算得出。

```
1   #include <stdio.h>
2   int isleapyear(int year)                        //函数：判断闰年
3   {   if(year%4==0&&year%100!=0||year%400==0)
4           return 1;
5       else
6           return 0;
7   }
8   int firdayyear(int year)                        //函数：计算 1 月 1 日是星期几
9   {   return(year+(year-1)/4-(year-1)/100+(year-1)/400)%7;  }
10  main()
11  {   char *monthname[13]={"","一月","二月","三月","四月","五月","六月","七月",
12  "八月","九月","十月","十一月","十二月"};
13      int mon_num[13]={0,31,28,31,30,31,30,31,31,30,31,30,31};
14      int firstday_month[13];
15      int work[13];
16      int year,i,m,n;
17      int (*p)(int);                              //函数指针定义
18      p=isleapyear;                               //p 指向函数 isleapyear
19      printf("请输入年份: ");
20      scanf("%d",&year);
21      if((*p)(year)==1)                           //通过指针 p 调用 isleapyear()函数
22          mon_num[2]=29;                          //闰年 2 月有 29 天
23      firstday_month[1]=firdayyear(year);         //确定 1 月 1 日是星期几
24      for(i=2;i<=12;i++)                          //计算每个月的第一天是星期几
25          firstday_month[i]=(firstday_month[i-1]+mon_num[i-1])%7;
26      for(i=1;i<=12;i++)
27          work[i]=-firstday_month[i];             //用于输出每月 1 日前的空格计数
28      printf("%36s"," ");
29      printf("%d年\n",year);                      //开始输出年历
30      for(i=1;i<=12;i++)                          //每次循环输出一个月
31      {   printf("\n");
32          printf("%41s\n\n",monthname[i]);
33          printf("%16s"," ");
34          printf("星期日  星期一  星期二  星期三  星期四  星期五  星期六\n");
35          for(m=1;m<=6;m++)                       //每次循环输出一周
36          {   printf("%10s"," ");
37              for(n=1;n<=7;n++)
38              {   work[i]++;
39                  if(work[i]>0&&work[i]<=mon_num[i]) //判断应输出日期还是空格
40                      printf("%8d",work[i]);
41                  else
42                      printf("%8s"," ");
43              }
44              printf("\n");
```

```
45                    }
46            }
47    }
```

程序的第 2~7 行为判断该年是否为闰年的函数；第 8、9 行为判断该年 1 月 1 日是星期几的函数，可用公式计算得出；第 11 行为定义一个字符串指针数组 monthname，用于输出每月的名称；第 13 行为定义数组，用于存放每月的天数，2 月暂为 28 天，如遇闰年则在后面的程序中加上 1 天；第 17、18 行为定义函数指针 p，使它指向 isleapyear() 函数；第 21 行通过指针 p 调用 isleapyear() 函数。输出年历的程序运行结果如图 10-14 所示。

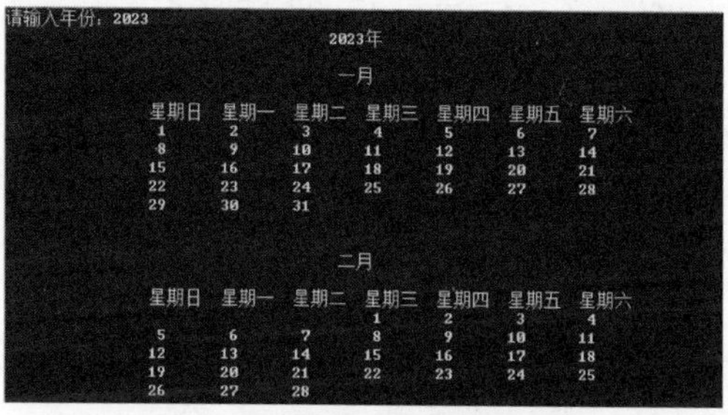

图 10-14　输出年历的程序运行结果

拓展任务　俄罗斯方块之从纪录文件中读取得分

通过文件指针，打开俄罗斯方块最高分纪录文件，获取当前游戏最高分。

```
1    void_t GT_ReadScore()
2    {
3        //以只读方式打开文件
4        FILE* pf = fopen(GT_HIGHEST_RECORD_FILE_NAME, "r");
5        if(pf == NULL)
6        {
7            pf = fopen(GT_HIGHEST_RECORD_FILE_NAME, "w");
8            fwrite(&gt_score, sizeof(int), 1, pf);
9        }
10       fseek(pf, 0, SEEK_SET);
11
12       //读取文件中的最高历史得分到 max 中
13       fread(&gt_max, sizeof(int), 1, pf);
14       fclose(pf);
15       pf = NULL;
16   }
```

程序的第 4 行定义了文件指针 pf，并以只读方式打开文件，使 pf 指针指向文件。

课后习题

一、选择题

1. 若有说明 int *p, a;，则语句 p=&a; 中的运算符 "&" 的含义是（　　　）。

　A. 表示位运算　　　　　　　　　　B. 逻辑与运算

　C. 取指针值　　　　　　　　　　　D. 取变量地址

2. 若有说明 int a=2, *p=&a, *q=p;，则非法的赋值语句是（　　　）。

A. p=q;　　　　　　B. *p=*q;　　　　　　C. a=*q;　　　　　　D. p=a;

3. 若有说明 int i, j, *p=&i;，则能完成 i=j 赋值功能的语句是（　　）。

A. i=*p;　　　　　　B. *p=*&j;　　　　　　C. i=&j;　　　　　　D. i=**p;

4. 有以下定义和语句：

```
fun (int *c){ … }
main()
{ int (*a)()=fun, *b(), w[10], c;
　… 　}
```

在必要的赋值之后，对 fun()函数进行正确调用的语句是（　　）。

A. a=a(w);　　　　　　B. (*a)(&c);　　　　　　C. b=*b(w);　　　　　　D. fun(b);

5. 下列程序的运行结果是（　　）。

```
main()
{ char a[10]={9, 8, 7, 6, 5, 4, 3, 2, 1, 0}, *p=a+5;
　printf("%d", *--p); 　}
```

A. 非法　　　　　　B. a[4]的地址　　　　　　C. 5　　　　　　D. 3

6. 若有说明 int a[10], *p=a;，则对数组元素的正确引用是（　　）。

A. a[p]　　　　　　B. p[a]　　　　　　C. *(p+2)　　　　　　D. p+2

7. 若有说明 int i, x[3][4];，则不能将 x[1][1]的值赋予变量 i 的语句是（　　）。

A. i=*(*x+1)+1　　　　　　B. i=x[1][1]

C. i=*(*(x+1))　　　　　　D. i=*(x[1]+1)

8. 若有以下定义和语句：

```
int s[4][5], (*p)[5]; p=s;
```

则对 s 数组元素的正确引用形式是（　　）。

A. p+1　　　　　　B. *(p+3)　　　　　　C. p[0][2]　　　　　　D. *(p+1)+3

9. 下列能正确进行字符串赋值操作的语句是（　　）。

A. char s[5]={"ABCDE"};　　　　　　B. char s[5]={'A', 'B', 'C', 'D', 'E'};

C. char *s; s="ABCDE";　　　　　　D. char *s; scanf("%s", s);

10. 若有定义 int n=0, *p=&n, **q =&p;，则以下选项中正确的赋值语句是（　　）。

A. p=1;　　　　　　B. *q=2;　　　　　　C. q=p;　　　　　　D. *p=5;

二、编写程序（要求用指针完成）

1. 编写程序，先输入 10 个整数并将其存入一个一维数组中，再按逆序重新存放后输出。

2. 输入一行字符，统计其中的字母、数字、空格以及其他字符的个数。

3. 输入一个二维数组，输出其中的最大值、最小值和平均值。

单元11
结构体和共用体

11

知识目标
1. 了解结构体的基本概念和作用。
2. 掌握结构体变量的定义和引用方法。
3. 掌握结构体数组和指向结构体类型数据的指针的概念。
4. 掌握使用指针处理链表的方法。
5. 掌握共用体的概念、作用和特点。
6. 了解枚举类型和使用 typedef 定义类型的方法。

能力目标
1. 能够根据实际需要声明结构体类型。
2. 能够运用结构体变量解决实际问题。

素质目标
1. 培养知识迁移能力。
2. 培养组织管理能力。

单元任务组成
本单元主要学习结构体、共用体、枚举类型及变量的定义和使用方法，链表的建立、查询、插入和删除等内容，任务组成情况如图11-1所示。

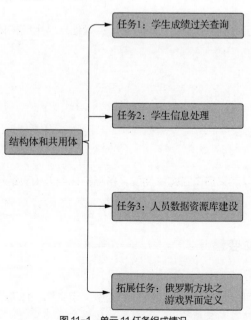

图 11-1　单元 11 任务组成情况

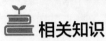 **任务 1** 学生成绩过关查询

任务目标

假设学生的信息包括姓名、语文成绩、数学成绩和英语成绩。请编写程序，为 5 名学生输入信息，并将其中各课程成绩均及格（即大于等于 60 分）的学生的全部信息显示在屏幕上。

相关知识

知识点 1：结构体类型

前面所介绍的基本数据类型（如 int、float、char 等）只能表示单一的信息。为了处理大批量数据，又引入了数组的概念，但这些数据必须是相同类型的。在日常生活中还经常需要处理数据对象包含多项不同数据类型的信息，如一名学生的基本信息包含学号、姓名、性别、年龄、地址等，这些信息的数据类型不同，无法使用数组解决，而它们之间又有密切的联系，为了不丢失它们的整体性，不应把它们拆分为多个独立的数据项。那么应该如何解决这个问题呢？这就需要一种新的数据类型——结构体类型。

使用结构体变量前，要先定义结构体类型，再定义结构体变量，才能对结构体变量进行操作。定义结构体类型的一般格式如下。

```
struct 结构体名
  {
      类型标识符   成员名列表；
      类型标识符   成员名列表；
      …
      类型标识符   成员名列表；
  };
```

其中，struct 是关键字。

例如，一款商品可以包含型号、品名、单价、库存等信息，用结构体类型表示如下。

```
struct goods
  {
      int model;
      char goods_name[8];
      int price;
      int quantity;
  };
```

> **注意** 在一个程序中可以定义多个结构体类型，各结构体类型由其结构体名区分。

知识点 2：结构体变量

（1）结构体变量的定义

定义结构体类型后，可以定义该结构体类型的变量，定义结构体变量的一般格式如下。

```
struct 结构体名   变量名 1,变量名 2,…,变量名 n;
```

例如：

```
struct student *p;      //定义 student 类型结构体指针变量 p
struct goods  s;        //定义 goods 类型结构体变量 s
struct book a,b;        //定义 book 类型结构体变量 a 和 b
```

"struct goods s"就定义了一个结构体变量 s。定义时，struct goods 为一个整体，表示一个结构体类型 student，不能省略前面的 struct。

> **注意** 结构体类型的定义并没有在内存中为其分配空间，仅仅定义了数据的组织形式，创立了一种数据类型。只有定义了结构体变量后，才会在内存中为该变量分配空间。每个结构体变量所占存储空间的大小为其成员所占存储空间的总和。

例如，前面所定义的结构体类型 goods 中各成员的长度分别如下：model 的长度是 4 个字节，goods_name 的长度是 8 个字节，price 的长度是 4 个字节，quantity 的长度是 4 个字节。因此，结构体变量 s 的总长度是 20 个字节。

另外，也可以在定义结构体时就定义相应的变量。例如：

```
struct student
{ int num;
  char name[8];
  char sex;
  int age;
  char addr[30];
}stu1;
```

如果只是要定义结构体变量而不需要定义结构体类型，则可以按下面的方法进行定义。

```
struct
{ int num;
  char name[8];
  char sex;
  int age;
  char addr[30];
} stu1;
```

上面这段代码只定义了结构体变量 stu1，没有定义结构体类型。

结构体在定义时可以嵌套。

```
struct student
{ int num;
  char name[8];
  char sex;
  struct date      //嵌套定义日期类型结构体，用于存储学生的出生日期
   {  int year;
      int month;
      int day;
    }birthday;
  char addr[30];
} stu1;
```

以上代码定义了结构体 student，该结构体中的成员 birthday 又是一个日期类型的结构体。

（2）结构体变量的引用

定义结构体变量后，就可以对结构体变量进行引用了。在 C 语言中对结构体变量进行操作时，不可以对一个结构体变量整体赋值，通常是对结构体变量中的各个成员分别进行引用。要对一个结构体变量进行操作，其引用的方式如下：

结构体变量名.成员名

例如：

```
struct student stu2;
stu2.num=2;                  //引用结构体变量 stu2 中的 num 成员，即学号赋值为 2
strcpy(stu2.name,"张涛"); //引用结构体变量 stu2 中的 name 成员，即姓名赋值为"张涛"
```

 注意　name 为字符数组，不能用 stu2.name="张涛"的形式赋值。

同样，在输入/输出时也要对成员逐个进行引用。

例如：

```
scanf("%s",stu2.name);     //输入姓名
scanf("%d",&stu2.age);     //输入年龄
printf("%6d%8s%8c%10d%30s\n",stu1.num,stu1.name,stu1.sex,stu1.age,stu1.addr);
```

可以看出，结构体及其成员名组成一个有机整体，其数据类型为定义成员时的成员数据类型，对其成员可以像简单变量一样进行引用。

如果定义的是结构体指针类型的变量，则可以通过"->"运算符引用。"->"是由减号和大于号组成的，其格式如下。

结构体指针变量名->成员名

例如：

```
struct student stu1,*p;
p=&sut1;
p->age=20;             //等价于 stu1.age=20
```

此外，结构体指针的引用可以表示如下。

(*结构体指针变量名).成员名

例如：

```
(*p).age=20;
```

注意　(*结构体指针变量名)两侧的括号不能省略，因为成员符号"."的优先级高于"*"。

（3）结构体变量的初始化

结构体变量与数组一样，也可以在定义时对其进行初始化。初始化的数据之间要用","隔开，不进行初始化的成员项可省略初始化，但是","不能省略。例如：

```
struct student stu1={1,"周军",'f',19,"成都市高新区泰山南路"};
```

这里以应用举例 11-1 展示结构体的使用。

应用举例 11-1：学生信息输出

```
1    #include<stdio.h>          //程序的预处理命令
2    struct student             //声明名为 student 的结构体
3    {   int num;               //第一个成员为整型，将存放学号
4        char name[8];          //第二个成员为字符串，将存放姓名
5        char sex;              //第三个成员为字符型，将存放性别
6        int age;               //第四个成员为整型，将存放年龄
7        char addr[30];         //第五个成员为字符串，将存放地址
8    };
9    main()                     //本程序的主函数
10   {   struct student stu1={1,"周军",'f',19,"成都市高新区泰山南路"};
11                              //定义结构体变量 stu1，并为变量赋初值
```

```
12        printf("%6s%8s%8s%10s%20s\n","学号","姓名","性别","年龄","地址");
13                          //输出标题
14        printf("%6d%8s%8c%10d%30s\n",stu1.num,stu1.name,stu1.sex,stu1.age,stu1.addr);
15                          //输出结构体变量的每个成员值
16     }                    //主函数结束
```

程序的第 2～8 行中的 struct 为定义结构体类型的关键字,定义了一个名为 student 的结构体类型,其中包含 5 个成员,分别是 num、name、sex、age、addr;第 10 行用已定义的结构体类型 struct student 定义了结构体变量 stu1,并为变量 stu1 赋初值;第 12 行输出结构体变量 stu1 中每个成员的值,变量名和成员名之间用 "." 分隔。应用举例 11-1 运行结果如图 11-2 所示。

图 11-2　应用举例 11-1 运行结果

知识点 3：结构体数组

一个结构体变量中可以存放一组相关数据(如一名学生的信息等),当有多名学生的信息需要进行处理时,使用数组显然是很方便的,这种数组称为结构体数组。

结构体数组的初始化及引用同一般数组,在此不赘述。

结构体数组的定义方式与一般数组一样,例如:

```
struct student stu[10];
```

这样就定义了一个包含 10 个元素的结构体数组,其每个数组元素都是一个结构体类型的数据。若要将第 5 名学生的语文成绩置为 86,则可以做如下赋值操作。

```
stu[4].Chinese=86;
```

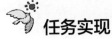

任务实现

由于学生的信息包括不同数据类型的多项信息,采用结构体类型来处理较方便。本任务中的结构体类型包括 4 个成员,即姓名、语文成绩、数学成绩和英语成绩。有 5 名学生的信息需要处理,使用结构体数组较好。要找出各课程成绩都及格的学生,只要将各课程成绩和 60 分进行比较即可。

```
1     #include<stdio.h>          //程序的预处理命令
2     struct student            //声明名为 student 的结构体
3     {   char name[8];         //第一个成员中将存放姓名
4         int Chinese;          //第二个成员中将存放语文成绩
5         int math;             //第三个成员中将存放数学成绩
6         int English;          //第四个成员中将存放英语成绩
7     };
8     main()                    //本程序的主函数
9     {   struct student a[5]={{"周军",78,82,56},
10                            {"王鹏",85,76,90},
11                            {"赵俊",43,89,68},
12                            {"张越",65,90,76},
13                            {"李涛",80,69,72}};  //定义大小为 5 的结构体数组并赋初值
14        char *stu[4]={"姓名","语文","数学","英语"};  //定义字符串指针数组
15        int i,flag;
16        printf("\t\t 成绩过关查询\n\n");
17        for(i=0;i<4;i++)
18          printf("%10s",stu[i]);                //输出标题
```

```
19        printf("\n------------------------------------------\n");  //输出成绩信息数据
20      for(i=0;i<5;i++)
21      {   flag=0;
22          if(a[i].Chinese<60||a[i].math<60||a[i].English<60)
23              flag=1;
24          if(flag==0)
25          printf("%10s%10d%10d%10d\n",a[i].name,a[i].Chinese,a[i].math,a[i].English);
26      }
27  }                                        // 主函数结束
```

程序的第2～7行中的 struct 为定义结构体类型的关键字,定义了一个名为 student 的结构体类型, 其中包含 4 个成员,分别是 name、Chinese、math、English;第 9～13 行用已定义的结构体 struct student 定义了一个大小为 5 的结构体数组 a,并为数组赋初值;第 14 行定义了一个字符串指针数组,用以显示标题;第 16～19 行输出标题部分;第 20～26 行判断并输出各科均及格的学生的信息。学生成绩过关查询的程序运行结果如图 11-3 所示。

图 11-3　学生成绩过关查询的程序运行结果

任务 2　学生信息处理

任务目标

输入一个班级的学生的信息,并在屏幕上显示输出。

相关知识

知识点 1: 链表

如果要处理一个班级的学生的信息,则可以根据班级的学生数来定义数据。但是,不同班级的人数可能不相同,且可能是变动的。假如以最大学生数来定义数组的长度,则可以保存任意班级的学生信息,但可能会造成内存浪费;如果数组的长度定义得过小,则会没有足够的空间存储数据。因此,以数组方式来处理有些不够灵活。

为解决这个问题,可以考虑使用动态内存分配的方法:每次分配一块内存空间来存放一名学生的数据(一名学生的数据被称为一个结点),若有 n 名学生则申请分配 n 块内存空间(建立 n 个结点)。

链表是一种常见的线性数据结构,它有两个特点:一是不需要占用连续的存储单元,二是在链表中进行插入、删除等操作比较方便。因此,链表被广泛地运用于数据文件的管理中。

链表由若干个结点组成,每个结点分为数据域和指针域两个部分。下面就来定义一个链表结构体类型,其中数据域包括学号和姓名。其定义格式如下。

```
struct student
{
    int num;                  //学号
    char name[8];             //姓名
    struct student *next;     //定义可以指向结构体自身类型的指针
};
```

其中，next 是一个指向结构体自身类型的指针，可以存放一个相同类型的结构体的地址，从而可以把同类型的结构体通过指针连接起来，形成链表，链表结构如图 11-4 所示。

图 11-4　链表结构

图 11-4 中的第一个结点称为头结点，它存放着第一个结点的首地址，没有数据，只是一个指针变量。后续的每个结点都有两个域，一个是数据域，用于存放各种实际的数据，如 num 和 name 等；另一个域为指针域，用于存放下一个结点的首地址。链表中的每一个结点都是同一种结构体类型。最后一个结点又称为尾结点，尾结点的指针域为 NULL（空），用来标识链表的结束。

知识点 2：动态分配存储空间

C 语言提供了一些内存管理函数，它们可以按需要动态地分配内存空间，也可以把不再使用的空间释放待用，从而有效地利用资源。这些函数在 C 语言头文件"stdlib.h"中声明。

（1）分配内存空间函数 malloc()

其使用的一般格式如下。

```
指针变量=(类型说明符 *)malloc(sizeof(数据类型));
```

其功能为在内存的动态存储区中分配一块连续区域，存储空间大小由运算符 sizeof 来获得，函数的返回值为该区域的首地址，并将其赋予一个与"数据类型"相同类型的指针变量。例如：

```
pc=(char *)malloc(sizeof(char[10]));
```

该语句表示分配 10 个字符的内存空间，并把空间的起始地址赋予字符型指针 pc。

（2）释放内存空间函数 free()

其使用的一般格式如下。

```
free(指针变量);
```

其功能为释放指针变量所指向的一块内存区域。例如：

```
free(ptr);
```

ptr 是一个任意类型的指针变量，它指向被释放区域的首地址。被释放的应是由 malloc()函数所分配的区域。

知识点 3：链表的应用

作为一种灵活的数据结构，链表广泛地应用于程序设计中。链表的相关操作主要有建表、插入、删除、查询等。下面讲解链表在程序设计中的简单应用。

（1）链的创建

creat()函数用来创建一个链表，它是一个指针函数，其返回的指针指向链表的头结点。链表的创建如应用举例 11-2 所示。

应用举例 11-2：链表的创建

```
1    #include <stdio.h>              //程序的预处理命令
2    struct student *creat()
3    {    struct student *head,*p,*q;    //定义链表指针
4        head=(struct student *)malloc(size);  //为头结点分配存储空间
5        if(head==NULL)                //确保链表成功建立，并返回相应信息
6        {  printf("没有足够的内存空间!\n");
7            return;                   //退出程序
8        }
```

```
9          head->next=NULL;                      //头结点指针初始化
10         q=head;
11         p=(struct student *)malloc(size);     //为新结点分配存储空间
12           if(p==NULL)
13           {  printf("没有足够的内存空间!\n");
14             return;
15           }
16           scanf("%d",&p->num);                 //输入学生数据
17           scanf("%s",p->name);
18         while(p->num!=0)                       //当输入 0 时终止循环
19         {  p->next=NULL;                       //设新结点的指针域为空
20           q->next=p;                           //将新结点连接到链表尾结点
21           q=p;                                 //链表尾结点后移
22           p=(struct student *)malloc(size);
23           if(p==NULL)
24           {  printf("没有足够的内存空间!\n");
25             break;
26           }
27           scanf("%d",&p->num);
28           scanf("%s",p->name);
29         }
30         return(head);                          //返回头指针
31    }
```

在以上程序中，在 creat()函数内部定义了 3 个 struct student 结构的指针变量：head 为头指针，q 为指向两个相邻结点的前一个结点的指针变量，p 为指向后一个结点的指针变量。程序中的第 12～17 行为头结点分配存储空间，如果成功，则下面的语句将对头结点进行初始化；如果不成功，则退出程序。程序的第 18～26 行 while 循环用于输入学生信息（以学号为 0 结束），为每名新学生分配一块存储空间，将首地址赋予 p 并作为当前最后一个结点，其指针域赋 NULL；把 p 的值赋予原来最后结点 q 的指针域成员 next；再把 p 值赋予 q，为下一次循环做准备。

（2）结点的查找

编写一个函数，在链表中按学号查找结点。

待编写的函数应该有两个形参：一个是指向链表的指针变量 head，另一个是要查找的学号 n。利用循环语句，逐个检查结点的学号成员 num 是否等于 n，如果不等于 n 且当前结点指针域不等于 NULL（不是尾结点），则移向下一个结点继续查找。如果找到该结点则返回该指针，如果到最后仍未找到一个结点则返回头指针，表示未找到。

结点的查找如应用举例 11-3 所示。

应用举例 11-3：结点的查找

```
1    struct student *search(struct student *head,int n)   //查找指定结点
2    {  struct student *p;
3      p=head->next;                    //p 指向链表头结点
4      while(p->num!=n && p->next!=NULL)    //当链表未到表尾且未找到指定结点时循环
5      p=p->next;                       //p 指向下一个结点
6      if(p->num==n)
7          return(p);                   //如果找到指定结点则返回该指针
8        else
9          return(head);                //如果未找到则返回头指针
10   }
```

（3）结点的删除

编写一个函数，删除链表中的指定结点。

待编写的函数应该有两个形参：一个是指向链表的指针变量 head，另一个是要删除的学号 n。利用循环语句，逐个检查结点的学号成员 num 是否等于 n，如果不等于 n 且当前结点指针域不等于 NULL（不是尾结点），则移向下一个结点继续查找。如果找到该结点则删除该指针，如果到最后仍未找到一个结点则输出"查无此人！"的信息。

删除结点的方法：可使被删除结点的前一个结点的指针域指向被删除结点的后一个结点，即 q->next=p->next。删除结点示意如图 11-5 所示。

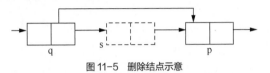

图 11-5　删除结点示意

结点的删除如应用举例 11-4 所示。

应用举例 11-4：结点的删除

```
1    int delete(struct student *head,int n) //删除指定结点
2    { struct student *p,*q;
3       q=head;                          //初始化指针
4       p=head->next;                    //p 指向头结点
5    while(p->num!=n && p->next!=NULL)    //当链表到达尾结点或找到删除结点时结束循环
6       { q=p;                           //移动指针，q 为当前结点指针，p 为下一结点指针
7          p=p->next;
8       }
9       if(p->num==n)                    //找到删除结点
10      { q->next=p->next;               //调整指针，使 q->next 指向 p 的下一个结点
11         free(p);                      //释放该结点存储空间
12         printf("删除完成！\n");
13         return 1;                     //删除成功返回 1
14      }
15      else
16      { printf("查无此人！\n");
17         return 0;                     //找不到学号为 n 的结点，返回 0
18      }
19   }
```

（4）结点的插入

编写一个函数，在链表的指定位置插入一个结点。

待编写的函数应该有 3 个形参：第一个是指向链表的指针变量 head，第二个是待插入的学生数据的结构体指针，第三个是指定的学号 n（用于将新结点插入学号为 n 的结点前）。利用循环语句，逐个检查结点的学号成员 num 是否等于 n，如果不等于 n 且当前结点指针域不等于 NULL（不是尾结点），则移向下一个结点继续查找。如果找到则插入新结点，如果到最后仍未找到一个结点，则把新结点插到链表尾。

插入结点的方法：使插入位置的前一个结点的指针域指向待插入结点，待插入结点的指针域指向插入位置的后一个结点。插入结点示意如图 11-6 所示。

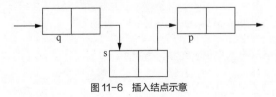

图 11-6　插入结点示意

结点的插入如应用举例 11-5 所示。

应用举例 11-5：结点的插入

```
1   void insert(struct student *head,struct student *s,int n)  //插入结点
2   {  struct student *p,*q;
3      q=head;                    //指针初始化
4      p=head->next;              //p 指向头结点
5      while(p!=NULL && p->num!=n)   //当链表未到表尾且未找到学号为 n 的结点时循环
6      {  q=p;
7         p=p->next;              //使 p 指向下一个结点
8      }
9      q->next=s;
10     s->next=p;  //将结点 s 加入链表中，如 n 存在，则将其插到 n 前，否则插到链表尾
11     }
```

 任务实现

本任务通过存储空间的动态分配来实现学生链表的创建，代码如下。

```
1   #include <stdio.h>
2   #include <stdlib.h>
3   #define size sizeof(struct student)
4   struct student          //定义链表结构
5   {    int num;
6        char name[8];
7        struct student *next;
8   };
9   struct student *creat()
10  {    struct student *head,*p,*q;          //定义链表指针
11       head=(struct student *)malloc(size);  //为头结点分配存储空间
12       if(head==NULL)                         //确保链表成功建立，并返回相应信息
13       {  printf("没有足够的内存空间!\n");
14          return 0;                           //退出程序
15       }
16       head->next=NULL;                       //头结点指针初始化
17       q=head;
18       p=(struct student *)malloc(size);      //为新结点分配存储空间
19         if(p==NULL)
20         {  printf("没有足够的内存空间!\n");
21            return 0;
22         }
23         scanf("%d",&p->num);                 //输入学生数据
24         scanf("%s",p->name);
25       while(p->num!=0)                       //当输入 0 时终止循环
26       {  p->next=NULL;                       //设新结点的指针域为空
27          q->next=p;                          //将新结点连接到链表尾结点
28          q=p;                                //链表尾结点后移
29          p=(struct student *)malloc(size);
30          if(p==NULL)
31          {  printf("没有足够的内存空间!\n");
32             break;
33          }
```

```
34          scanf("%d",&p->num);
35          scanf("%s",p->name);
36      }
37      return(head);                    //返回头指针
38  }
39  void print(struct student *head)  //输出链表
40  {   struct student *p;              //定义链表指针
41      p=head->next;                   //初始化指针
42      printf("\t 学生信息\n\n");
43      printf("   学号\t\t  姓名\n");
44      printf("-----------------------\n");
45      while(p!=NULL)                   //未到链表尾结点时循环
46      {   printf("%6d\t%12s\n" ,p->num,p->name);
47          p=p->next;                   //移动指针
48      }
49  }
50  main()                              //主函数
51  {   struct student *head;           //定义链表指针
52      head=creat();                   //创建链表
53      print(head);                    //输出链表信息
54  }
```

程序的第 3~8 行用于定义 student 链表结构；第 9~38 行用于创建链表，以输入学生的信息；第 39~49 行用于输出链表，以输出学生的信息；第 50~54 行是主函数，定义了链表指针，用于创建并输出链表。学生信息处理的程序运行结果如图 11-7 所示。

图 11-7　学生信息处理的程序运行结果

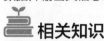 **任务 3**　人员数据资源库建设

任务目标

一个学校有若干人员的数据，包括学生和教师。学生的数据包括姓名、号码（学号）、性别、职业、班级。教师的数据包括姓名、号码（工号）、性别、职业、职务。要求用同一个表来输入人员的数据并输出其信息。

相关知识

知识点 1：共用体类型

共用体是与结构体类似的一种数据类型，是指不同类型的变量占用同一存储区。在程序设计中，采用共用体要比使用结构体节省空间，但是访问速度较慢。

共用体类型的定义方式与结构体类似，共用体以关键字 union 来说明。共用体的一般格式如下。

```
union 共用体名
{
    类型标识符    成员名列表;
    类型标识符    成员名列表;
    …
    类型标识符    成员名列表;
}
```

例如：

```
union  num
{   int n;
    char c;
    double d;      }a,b;
```

这样 a 和 b 就是一个共用体变量。共用体变量所占内存的长度是最长的成员的长度，在这样一个空间中可以存放不同类型和不同长度的数据，而这些数据都是以同一地址开始存放的。由于在该共用体类型中 double 型变量占有内存单元的 8 个字节，是最长的成员，所以共用体变量 a 和 b 都分配了 8 个字节的内存单元，这些内存空间为共用体的所有成员所共有。

共用体的引用方法与结构体相同，其格式如下。

共用体变量.成员名;

或者：

共用体变量指针->成员名;

以下都是正确的引用方式。

```
union num num1,*p;
p=&num1;
num1.c='a';
(*p).n=5;
p->d=3.45;
```

共用体的成员占有共同的存储空间，存入新成员后原来的数据会被覆盖，因而共用体中的数据始终是最后一次修改成员后的数据。在以上程序中，共用体变量中最后的值为 p->d=3.45。

知识点 2：枚举类型

如果一个变量只有几种可能的值，则可以用枚举类型来刻画。所谓"枚举"，是指将变量所有可能的取值全部列举出来。枚举类型用关键字 enum 开头，其定义格式如下。

enum 枚举名{ 标识符[=整型常数],标识符[=整型常数] … 标识符[=整型常数] };

> **注意** 枚举中每个成员（标识符）之间用","间隔，而不是用"；"间隔，最后一个成员后可省略","。

在定义后，枚举中的标识符在程序中代表其后的常数，枚举定义中的整型常数可以省略，如果省略，则代表 0、1、2…，依次递增。例如：

enum weekday {Sun,Mon,Tues,Wed,Thur,Fri,Sat};

其中，Sun、Mon 等称为枚举常量，它们在机器内分别是 0、1…6。

如果有需要，则可以强制为枚举元素赋值。例如：

enum weekday {Sun=7,Mon=1,Tues,Wed,Thur,Fri,Sat};

这样，将枚举元素 Sun 赋值为 7，Mon 赋值为 1，其余依次为 2、3…6。

与其他复杂类型一样，定义枚举类型后，可以定义枚举变量。例如：

```
enum weekday day1,day2;
enum month{Jan=1,Feb,Mar,Apr,May,Jun,Jul,Aug,Sep,Oct,Nov,Dec}m1,m2;
```

枚举变量实际上是一个整型变量，可以用于输入/输出语句。在输出语句中，既可以输出枚举变量的值，又可以直接输出枚举类型定义的常量标识符。例如，printf("%d",Wed);与{day1=Wed;printf("%d",day1);}等价，均输出 3。

枚举变量也可用于比较语句和赋值语句。在比较语句中，day1==Wed、day1>5 和 day1==day2 都是合法的。但是在对枚举变量赋值时，只能为定义过的枚举元素赋值，如果要将整型值赋予枚举变量，则一定要将其强制转换为枚举类型。例如：

```
day2=Mon;
day2=(enum weekday)1;
```

下面以应用举例 11-6 为例展示枚举变量的使用。

由百分制转换为等级制是分支语句 switch 的应用。这里可把等级 Fail、Pass、Middle、Fine、Excellent 定义为枚举常量，并应用于 switch 语句中。

应用举例 11-6：输入一位学生的成绩，并将其由百分制转换为等级制

```
1    #include <stdio.h>
2    main()
3    {   enum grade {Fail=5,Pass,Middle,Fine,Excellent}g;
4        //定义一个枚举类型 enum grade，并定义此类型变量 g
5        int score;
6        printf("请输入学生的分数: ");
7        scanf("%d",&score);
8        g=(enum grade)(score/10);
9        if(g<5) g=(enum grade)5;
10       if(g>9) g=(enum grade)9;
11       printf ("对应等级为: ");
12       switch(g)
13       {   case Fail:printf("不及格\n");break;
14           case Pass:printf("及格\n");break;
15           case Middle:printf("中等\n");break;
16           case Fine:printf("良好\n");break;
17           case Excellent:printf("优秀\n");break;
18       }
19   }
```

程序的第 3 行定义了一个枚举类型 enum grade，其中 Fail、Pass、Middle、Fine、Excellent 为枚举常量，并定义了一个枚举变量 g；第 13～17 行 switch 语句中的常量正好用枚举常量来表示。应用举例 11-6 运行结果如图 11-8 所示。

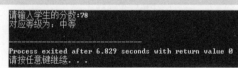

图 11-8 应用举例 11-6 运行结果

知识点 3：自定义数据类型

自定义数据类型不是定义新的数据类型，而是把原来的数据类型名改为有一定意义的类型名，便于记忆和阅读程序或增加程序的可移植性。自定义数据类型的一般格式如下。

```
typedef 类型名 新名称;
```

例如：

```
typedef int INTEGER;
```

这样，INTEGER 就和 int 等价，因此可以出现如下变量说明。

```
INTEGER i;
```

自定义类型还可以定义新结构体类型名和数组名。例如：

```
typedef struct student
{ int num;
  char name[8];
  struct student *next;
}STUDENT;
```

定义新类型名后，就可以用 STUDENT 定义结构体变量。

```
STUDENT  stu1,stu2,*p;
```

定义新的数组类型名如下。

```
typedef int ARRAY[10];
ARRAY a;   //定义 a 是长度为 10 的整型数组变量
```

 任务实现

按要求建立学生/教师数据表，如表 11-1 所示。

表 11-1 学生/教师数据表

姓名	号码	性别	职业	班级/职务
张园	202312	女	学生	702
李峰	100116	男	教师	教授

学生和教师都有姓名、号码、性别、职业这 4 种信息，再加上最后一项班级/职务，可以定义一个结构体类型来存放信息。但是最后一项出现了 2 种不同的信息，如果是学生，则最后一项是班级；如果是教师，则最后一项是职务。把最后一项定义为一个共用体类型，这样可以解决这个问题。

```
1    #include <stdio.h>
2    #define MAX 2
3    struct
4    {   char name[10];
5        int num;
6        char sex[3];
7        char job;
8        union
9        {   int clas;
10           char position[10];
11       }pos;
12   }person[MAX];
13   main()
14   {   int i;
15       printf("请输入信息: \n");
16       for(i=0;i<MAX;i++)
17       {   printf("姓名: ");scanf("%s",person[i].name);
18           printf("号码: ");scanf("%d",&person[i].num);
19           printf("性别: ");scanf("%s",person[i].sex);
20           printf("职业: ");scanf("%*c%c",&person[i].job);
21           if (person[i].job =='s')
```

```
22          { printf("班级: "); scanf("%d",&person[i].pos.clas);}
23          else
24          { printf("职务: "); scanf("%s",person[i].pos.position );}
25      }
26      printf("\t\t 人员信息资料库\n\n");
27      printf("姓名\t 号码\t 性别\t 职业\t 班级/职务\n");
28      printf("-------------------------------------------\n");
29      for(i=0;i<MAX;i++)
30      {   printf("%s\t%d\t%s\t",person[i].name ,person[i].num,person[i].sex);
31          if (person[i].job =='s')
32              printf("学生\t%d\n",person[i].pos.clas);
33          else
34              printf("教师\t%s\n",person[i].pos.position );
35      }
36  }
```

程序的第 3~12 行定义了一个结构体类型，同时定义了此类型的数组 person，这个结构体类型中的成员 pos 是一个共用体类型，其中有 2 个成员——clas 和 position；第 8~11 行为共用体类型定义，关键字为 union；第 22 行共用体类型变量的使用方法和结构体类似，都是"变量名.成员名"。人员信息资料库建设的程序运行结果如图 11-9 所示。

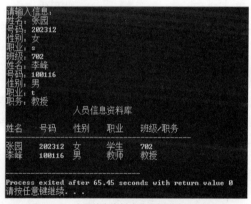

图 11-9　人员信息资料库建设的程序运行结果

拓展任务　俄罗斯方块之游戏界面定义

通过定义结构体类型及结构体变量来展示游戏界面。

```
1   #pragma pack(8)
2   typedef struct gt_data_info
3   {
4       //用于标记指定位置是否有方块（1 表示有，0 表示无）
5       int64_t block_flag[ROW][COL + COL_LEN];
6       //用于记录指定位置的方块颜色的编码
7   int64_t color_encode[ROW][COL + COL_LEN];
8   }gt_data_info_t;
9
10  gt_data_info_t data_info_var;
11  #pragma pack()
12
```

```
13   #pragma pack(8)
14   typedef struct gt_block_info
15   {
16       int64_t space_info[SPACE_ROW_LEN][SPACE_COL_LEN];
17   }gt_block_info_t;
```

程序第 2~8 行定义了 struct gt_data_info 结构体类型，并定义了结构体变量 gt_data_info_t ，结构体变量有 2 个成员，一个成员用于标记指定位置是否有方块，另一个成员用于记录指定位置的方块颜色。

课后习题

一、选择题

1. 设有如下说明和定义。

```
struct {int a;  int b;} data;
int *p;
```

若要使 p 指向 data 中的 a 域，则正确的赋值语句是（   ）。

  A. p=&a;   B. p=data.a;   C. p=& data.a;   D. * p=data.a;

2. 当定义一个结构体变量时，系统分配给它的内存单元是（   ）。

  A. 各成员所需内存单元之和   B. 成员中占内存量最大者所需的容量

  C. 结构体中第一个成员所需的内容量   D. 结构体中最后一个成员所需的内容量

3. 假设有以下语句。

```
typedef struct S {int g; char h;}T;
```

下面叙述中正确的是（   ）。

  A. 可用 S 定义结构体变量   B. 可用 T 定义结构体变量

  C. S 是 struct 类型的变量   D. T 是 struct S 类型的变量

4. 若有以下语句，则表达式值为 6 的是（   ）。

```
struct s { int n; struct s *next; };
static struct s a[3]={5, &a[1], 7, &a[2], 9, '\0'}, *p;
p=&a[0];
```

  A. p++->n   B. p->n++   C. (*p).n++   D. ++p->n

5. 以下关于共用体类型的叙述中正确的是（   ）。

  A. 可以对共用体类型变量直接赋值

  B. 一个共用体类型变量中可以同时存入所有成员

  C. 一个共用体类型变量中不能同时存入所有成员

  D. 共用体类型定义中不能出现结构体类型成员

6. 设有以下说明和语句。

```
struct student { int age; int num; } std, *p;
p=&std;
```

以下对结构体变量 std 成员 age 的引用方式不正确的是（   ）。

  A. std.age   B. p->age   C. (*p).age   D. *p.age

7. 设有如下定义。

```
union { int i; float a; char c; } n;
```

sizeof(n)的值是（   ）。

  A. 4   B. 5   C. 6   D. 7

8. 设有以下说明和定义。

```
typedef int *INTEGER;
INTEGER p, *q;
```

以下叙述中正确的是（　　）。

    A. p 是 int 型变量 　　　　　　　　　　B. p 是 int 型指针变量

    C. q 是 int 型指针变量 　　　　　　　　D. 程序中可用 INTEGER 替换 int 类型名

9. 下列程序的运行结果是（　　）。

```
main()
{ struct sample { int x; int y; }a[2]={1, 2, 3, 4};
printf("%d\n", a[0].x+a[0].y*a[1].y); }
```

    A. 7 　　　　　　　　B. 9 　　　　　　　　C. 13 　　　　　　　　D. 16

10. 设有如下枚举类型定义。

```
enum language { Basic=3, Pascal=6, FoxPro=8, C, Fortran };
```

枚举变量 Fortran 的值为（　　）。

    A. 4 　　　　　　　　B. 7 　　　　　　　　C. 10 　　　　　　　　D. 9

二、编写程序

1. 编写程序，输入一名学生的记录，记录包含学号、姓名、性别和成绩信息，输入这些数据并将其显示出来。

2. 一个班有 30 名学生，每名学生的数据包括学号、姓名、性别以及 2 门课程的成绩，现输入这些数据，并要求实现以下功能。

（1）输出每名学生 2 门课程成绩的平均分。

（2）输出每门课程成绩的全班平均分。

（3）输出姓名为 zhangliang 的学生的 2 门课程的成绩。

单元12
位运算

知识目标

1. 熟悉基本位运算符。
2. 掌握取反运算的使用方法。
3. 掌握按位"与"、按位"或"和按位"异或"运算的使用方法。

能力目标

1. 能够理解位运算底层原理。
2. 能够采用位运算提高计算效率。

素质目标

1. 培养探索根源的精神。
2. 培养采用不同方法解决相同问题的能力。

单元任务组成

本单元主要学习常用位运算、复合赋值位运算等内容，任务组成情况如图12-1所示。

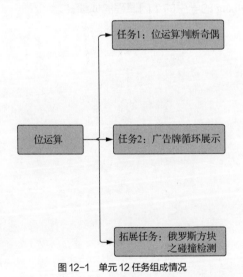

图 12-1　单元 12 任务组成情况

任务 1　位运算判断奇偶

🔍 任务目标

学习按位"与"、按位"或"、按位"异或"运算的相关知识，完成基于位运算的奇偶数判断。

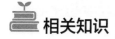 **相关知识**

知识点 1：数值在计算机中的表示

各种数值数据在计算机中都是以二进制数表示的。数学上的数分为有符号数和无符号数两种。对于无符号数，通常需要关心的是计算机中存储器所表示的数的范围。计算机中常用存储器以 8 个二进制位为一个字节，其最小是 8 个 0，最大是 8 个 1，所以一个字节表示的无符号整数的范围是 0～255。当用两个字节表示时，表示的整数范围是 0～65535。

对于有符号数，一般规定最高位是符号位。最高位为"0"表示正数，为"1"表示负数。这样的处理称为数字符号的数字化表示。对于一个字节的情况，最高位定为符号位后，剩下的 7 位就成为数值位。有符号数分为原码、反码和补码 3 种。

（1）原码

最高位为符号位，正数用 0 表示，负数用 1 表示，其他位为数值位。这种表示称为有符号数的原码表示。

$X1 = +53 = +00110101B$ $[X1]_原 = 00110101B$

$X2 = -53 = -00110101B$ $[X2]_原 = 10110101B$

（2）反码

数值的反码很容易由原码求得。对于正数，规定其反码与原码相同；对于负数，定义除符号位为 1 不变外，其他各位均将 1 转换为 0、将 0 转换为 1。

$X1 = +53 = +00110101B$ $[X1]_反 = 00110101B$

$X2 = -53 = -00110101B$ $[X2]_反 = 11001010B$

反码往往不是计算机中数的表示的最后形式，其主要是为得到补码做准备的。

（3）补码

在计算机系统中，数值一律用补码来表示或存储，主要原因为使用补码可以将符号位和其他位统一处理；同时，减法可按加法来处理。数的补码通过反码求得，如果是正数，则规定其补码与原码相同；如果是负数，则补码为反码加 1。

$X1 = +53 = +00110101B$ $[X1]_补 = 00110101B$

$X2 = -53 = -00110101B$ $[X2]_补 = 11001011B$

由此可见，一个十进制的数，如果在计算机中采用的编码方法不同，则其表现的形式也不同。计算机中的数采用哪种编码表示方法，是根据运算的实际需要确定的。许多计算机为了简化硬件电路，内部只有加法器。如果采用补码，则可以方便地将减法运算变成加法运算。

求 -21 的原码、反码和补码，用补码加法运算求 35-21 的值。

$[-21]_原 = 10010101B$

$[-21]_反 = 11101010B$

$[-21]_补 = 11101011B$

$[35]_补 = 00100011B$

$35-21 = [35]_补 + [-21]_补$

用二进制运算如下。

```
   0010 0011
+  1110 1011          0000 110B=14
   1 0000 1100
```

补码加法计算的结果 14 与直接相减的结果吻合。细心的读者会注意到，相加时，符号位出现了高位的进位，因为已经超出了 1 个字节的范围，所以是自然丢失的。由此可见，在不考虑高位进位的情况下，减法运算与补码加法运算的结果完全相同。此外，计算是连同符号位一起进行的，最后得到的符号位也代表了结果的正负，这就是计算机中普遍采用补码表示数值的好处。

知识点 2：位运算基本概念

所有的数字电子计算机都是以二进制为基础的，计算机处理的数据信息都是使用二进制来存储和表达的，因此应用这些数据信息实际上就是对二进制码进行运算和操作。计算机中的数据通常是以字节为基本单位来表示的，但很多系统程序开发中要求对字节内部的最小单位（位）进行操作，一个字节表示为 8 个二进制位。计算机中位的值要么是 0 要么是 1，对这些位的处理就是位运算，位运算就是指对计算机存储单元中的数据按二进制位进行的运算。

C 语言提供了位运算的一些基本方法，共提供了 6 种位操作基本运算符，如表 12-1 所示。

表 12-1　位操作基本运算符

运算符	含义	优先级
~	取反	1
<<	左移	2
>>	右移	2
&	按位"与"	3
^	按位"异或"	4
|	按位"或"	5

简要说明如下。
① 参与运算的操作数只能是整型或字符型数据。
② 运算符中除取反运算符外，均为二目运算符。
③ 位运算中的数据在运算过程中都是以二进制的补码形式参与运算的。

计算机中为了表示数值数据的正负，数据存储的最高位通常作为符号位使用，且在内部表示时又引入了原码、反码和补码的概念。表示有效信息数据时，通常以 1 个字节、2 个字节、4 个字节、8 个字节等为数据类型存储单元来表示一个信息数据。例如，用 1 个字节表示英文字符的 ASCII 值，用 4 个字节表示一个浮点型实数等。

知识点 3：常用位运算

（1）按位"与"运算
按位"与"运算的运算格式：操作数 1 & 操作数 2。运算规则如下。
① 按位"与"运算的操作数必须是整型数据或字符型数据。
② 参加运算的两个二进制操作数的对应位只要有一位为 0，结果就为 0；只有两个二进制操作数的对应位都为 1 时，结果才为 1，即 0&0=0，0&1=0，1&0=0，1&1=1。
例如，4 & 5 的值为 4，运算过程如下。

```
        4=0000 0100
 &      5=0000 0101
        ───────────
        0000 0100
```

对于负数，要用负数的补码进行转换，转换成补码后才能进行位运算。例如，操作数–5 & 3，先要把–5 写成补码的形式，其补码为 1111 1011，再与 3 的二进制补码进行"与"运算，运算过程如下，运算结果为 3。

```
        -5=1111 1011
   &     3=0000 0011
        0000 0011
```

（2）按位"或"运算

按位"或"运算的运算格式：操作数 1 | 操作数 2。运算规则如下。

① 按位"或"运算的操作数必须是整型数据或字符型数据。

② 参加运算的两个二进制操作数的对应位只要有一位为 1，结果就为 1；只有两个二进制数的对应位都为 0 时，结果才为 0，即 0|0=0，0|1=1，1|0=1，1|1=1。

例如，5|9 的值为 13，运算过程如下。

```
        5=0000 0101
   |    9=0000 1001
        0000 1101
```

（3）按位"取反"运算

按位"取反"运算也称"非"运算，是位运算中唯一的单目运算，运算格式：~操作数。运算规则如下。

① 操作数必须是整型数据或字符型数据。

② 对二进制数按位取反，即取与操作数相反的值：~0=1、~1=0。

③ 按位"取反"运算符的优先级比算术运算符、关系运算符、逻辑运算符和其他位运算符都高。

例如，整数 7"取反"运算的值为–8，运算过程如下。

```
   ~    7=0000 0111
        1111 1000
```

（4）按位"异或"运算

按位"异或"运算符的运算格式：操作数 1 ^ 操作数 2。运算规则如下。

① 按位"异或"的操作数必须是整型数据或字符型数据。

② 按位"异或"的含义是参加运算的两个操作数对应二进制的位相异时结果为 1，相同时结果为 0，即 0 ^ 0 = 0，0 ^ 1 = 1，1 ^ 0 = 1，1 ^ 1 = 0。

例如，9 ^ 5=12 的运算过程如下。

```
        9=0000 1001
   ^    5=0000 0101
        0000 1100
```

（5）按位"左移"运算

按位"左移"运算的运算格式：操作数 << 移位数。运算规则如下。

① 左移的操作数和移位数必须是整型数据或字符型数据。

② 按位"左移"运算是将一个操作数先转换为二进制数，再将二进制数各位左移若干位，低位补若干个 0，高位左移溢出后舍弃不用。

例如，将 3 左移 2 位，结果为 12。

$$3 = 0000\ 0011 \xrightarrow{\text{左移 2 位}} 12 = 0000\ 1100$$

左移 1 位相当于该数乘以 2，左移 n 位相当于该数乘以 2 的 n 次方。因此，将 3 左移 2 位，相当于 3 乘以 4，结果为 12。

175

（6）按位"右移"运算

按位"右移"运算的运算格式：操作数 >> 移位数。运算规则如下。

① 右移的操作数和移位数必须是整型数据或字符型数据。

② 按位"右移"运算是将一个操作数先转换为二进制数，再将二进制数各位右移若干位，移出的低位舍弃，并在高位补位。补位分为以下两种情况。

➤ 若为无符号数，则右移时左边高位补 0；

➤ 若为有符号数，如果原来的符号为 0（正数），则左边补若干 0；如果原来的符号为 1，则左边补 1。

例如，将 15 右移 3 位，结果为 1。

$$15 = 0000\ 1111 \xrightarrow{\text{右移 3 位}} 1 = 0000\ 0001$$

下面以应用举例 12-2 展示位运算符的简单应用。

应用举例 12-2：位运算符的简单应用

输入两个任意十进制整数，分别进行取反、与、或、异或、左移 3 位、右移 4 位的位运算，在显示屏幕上输出位运算结果，程序代码如下。

```
1    #include <stdio.h>              //程序的预处理命令
2    int main()                      //程序的主函数
3    {
4        long int a,b,c,d,e,f,g,a1,b1;    //中间变量定义
5        printf("输入两个整数：");        //输入提示
6        scanf("%d%d",&a,&b);            //输入两个操作数
7        c = a & b;                      //与操作
8        d = a | b;                      //或操作
9        e = a ^ b;                      //异或操作
10       f = a << 3;                     //左移位
11       g = a >> 4;                     //右移位
12       a1 = ~ a;                       //取反操作
13       b1 = ~ b;                       //取反操作
14    printf("a=%d  b=%d\n",a,b);        //显示输入数
15    printf("a1=~a=%d\n",a1);           //操作数取反操作结果输出显示
16    printf("b1=~b=%d\n",b1);           //操作数取反操作结果输出显示
17    printf("f=a<<3=%d\n",f);           //操作数左移位结果输出显示
18    printf("g=a>>4=%d\n",g);           //操作数右移位结果输出显示
19    printf("c=a&b=%d\n",c);            //与操作结果输出显示
20    printf("d=a|b=%d\n",d);            //或操作结果输出显示
21    printf("e=a^b=%d\n",e);            //异或操作结果输出显示
22    }
```

要进行两个数的多种位运算，首先需要进行两个数的数据输入和显示，分别使用 scanf()函数和 printf()函数。进行位运算、输入和输出操作，还需要定义中间变量作为操作数。应用举例 12-2 运行结果如图 12-2 所示。

图 12-2 应用举例 12-2 运行结果

此例中输入的数据是 2 和 5，对应的二进制数低 8 位分别是 0000 0010 和 0000 0101。这两个数进行按位"或"运算的结果是 0000 0111，对应十进制数就是 7；"与"运算的结果是 0000 0000，对应十进制数就是 0。同理，其他位运算按位分析，经验证也都是正确的。

任务实现

本任务要求采用位运算判断一个正整数的奇偶性，并将计算结果输出至控制台，代码如下。

```
1   #include <stdio.h>              //程序的预处理命令
2
3   //定义奇偶数判断函数
4   void checkOddOrEven(int x) {
5       if (x & 1) {
6           printf("%d是奇数\n", x);
7       } else {
8           printf("%d是偶数\n", x);
9       }
10  }
11  //程序的主函数
12  int main()
13  {
14      checkOddOrEven(3); //3是奇数
15      checkOddOrEven(6); //6是偶数
16  }
```

在计算机中，二进制数的最后一位为 1 时，表示该数为奇数；最后一位为 0 时，表示该数为偶数。因此，可以通过将一个数的最后一位与 1 进行按位"与"运算来判断这个数是否为奇数。如果运算结果为 1，则说明这个数为奇数；如果运算结果为 0，则说明这个数为偶数。位运算判断奇偶性的程序运行结果如图 12-3 所示。

图 12-3　位运算判断奇偶性的程序运行结果

任务 2　广告牌循环展示

任务目标

学习复合赋值位运算、位段的定义和引用的相关知识，基于所学内容完成广告牌循环展示效果。

相关知识

知识点 1：复合赋值位运算

位运算中的双目位运算符可以和赋值运算符结合，组成复合赋值位运算符，其形式和应用案例如表 12-2 所示。

表 12-2　复合赋值位运算的形式和应用案例

运算符	表达式案例	等效于	举例			
			a 初始值	b 初始值	等效于	运算结果
&=	a &= b	a = a & b	4	5	a = 4 & 5	a = 4
|=	a |= b	a = a | b	4	5	a = 4 | 5	a = 5
^=	a ^= b	a = a ^ b	4	5	a = a ^ b	a = 1
<<=	a <<= b	a = a << b	1	2	a = 1 << 2	a = 4
>>=	a >>=b	a = a >> b	24	3	a = 24 >> 3	a = 3

复合赋值位运算在运算的过程中，先将左边被赋值变量的当前值与赋值运算符 "=" 右边的表达式按位进行位运算，再把表达式运算结果赋予被赋值变量。

知识点 2：位段的定义和引用

位段以位为单位定义结构体（或共用体）中成员所占存储空间的长度。包含位段的结构体类型称为位段结构。位段定义的一般格式如下。

```
1   struct 位段结构名
2   {
3       类型说明符 位段名 1:位段长度;
4       类型说明符 位段名 2:位段长度;
5       …
6       类型说明符 位段名 n:位段长度;
7   }
```

位段实际就是把一个字节中的二进制位划分为几个不同的段，定义时说明每个段的长度。每个段有一个段名，允许在程序中按位段名引用操作，因此，可以把几个不同位长需要的运算对象用不同的二进制位段来定义和表示，需要时按段名引用。使用位段结构体变量名引用位段成员的一般引用格式如下：位段结构体变量名.位段名。例如：

```
1   struct ctr
2   {
3       unsigned a:2;      //长度为 2 个二进制位
4       unsigned b:1;      //长度为 1 个二进制位
5       unsigned :6;       //无名位段，6 个二进制位，空白不使用
6       unsigned c:3;      //长度为 3 个二进制位
7   }bits,*pb;
```

结构体类型 ctr 定义了 a、b、c 这 3 个成员变量，加上一个无名空白位段，共划分为 4 个段，各位段所占用的二进制位长度分配如图 12-4 所示。

图 12-4　各位段所占用的二进制位长度分配

下面为位段成员的引用语句。

```
1   bits.a = 3;
2   bits.b = 1;
3   bits.c = 7;
```

上述语句的运行结果是把位段 a 对应的 2 位二进制位设置为 11，位段 b 对应的 1 位二进制位设

置为 1，位段 c 对应的 3 位二进制位设置为 111。注意，赋值不要超过位段长度对应的值，当赋值超出位段长度所能表示的最大值时，系统自动取该数的二进制码的低位赋予位段成员变量，高位则舍去。例如，pb->a=7 的赋值结果是 bits.a=3，因为十进制数 7 的二进制码位为 0111，取其低 2 位为 11，赋予位段 a 后，a 的十进制数就为 3。

下面以应用举例 12-3 展示位段的应用。

应用举例 12-3：取数指定位

设无符号数用 2 个字节存储，如图 12-5 所示。要求取这个无符号数的 4～7 位，其实现代码如下。

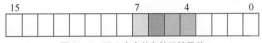

图 12-5　用 2 个字节存储无符号数

```
1    #include <stdio.h>                       //程序的预处理命令
2    int main()                               //程序的主函数
3    {
4        unsigned int a,b;                    //定义了两个无符号整型变量
5        scanf("%u",&a);                      //输入变量 a
6        b = a>>4;                            //a 右移位
7        b = b&0x000F;                        //保留 a 的低位
8        printf("a=%u\nb=%u\n",a,b);          //结果输出显示
9    }
```

要读取一个数，如果这几个位数是从最低位开始的，则可以直接读取。根据这个思路，要读取 4～7 位的数据，关键点是怎样把这几位数转换为从低位开始排列的数据。

此例第 1 步是位运算右移 4 位，目的是把需要读取的 4 位数据移到右端，即从低位开始排列；第 2 步是把不需要的高位数据清零，方法是通过与十六进制数 0x000F 进行按位"与"运算，把高 12 位清零，只保留低 4 位，即可得到需要的数据。

程序的第 6 行用于将需要的数据（4～7 位）右移 4 位到最低位；第 7 行用于通过按位"与"运算将数据的高 12 位清零，保留低 4 位。

此例中输入的十进制数为 210，对应的二进制数是 0000 0000 1101 0010，其 4～7 位为 1101，对应的十进制数为 13。应用举例 12-3 运行结果如图 12-6 所示。

图 12-6　应用举例 12-3 运行结果

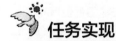

任务实现

在车站、商场经常可以看到电子信息广告牌，广告牌的内容一般是从右向左或从左向右循环显示。从程序设计上来说，这就是一个典型的循环移位程序。本任务通过将一个无符号数进行左循环移位和显示，实现广告牌信息循环展示，其代码如下。

```
1    #include <stdio.h>                       //程序的预处理命令
2    #include <windows.h>                     //系统 API 函数等
3    #include <conio.h>                       //头文件控制台数据输入和输出函数
4    void my_printf(int tdata)                //定义进制转换为二进制位显示
5    {
6        int buf[16];                         //定义整型数组变量
```

```
7        int i,j;
8        int mask;
9        for(i=0;i<16;i++)
10       {
11        mask = 1;
12        mask =mask<<i;                //mask 左移 i 位
13        buf[i]=(mask & tdata)>>i;     //取出每位存入数组中
14       }
15       for(j=15;j>=0;j--)
16       {
17        printf("%d",buf[j]);          //按十进制输出每一个位
18        if(j%8==0)printf(" ");        //当 j 为 8 的倍数时，输出一个空格
19       }
20   }
21   int main()                        //程序的主函数
22   {
23       unsigned int a;               //变量定义
24       int key=0,flag;               //变量定义
25       scanf("%x",&a);               //键盘输入命令
26       while(key!='e')               //键盘输入判断，输入 e 时结束循环输出
27       {
28           if(kbhit())               //当前是否有键盘输入
29           {
30               key=getch();          //键盘输入
31           }
32           else
33           {
34               Sleep(1000);          //线程挂起，起延时作用
35           }
36           my_printf(a);             //输出显示
37           printf("\r\n");
38           flag = a&0x8000;          //变量 a 最高位按位"与"运算，取最高位
39           a = (a<<1)&0xFFFF;        //变量 a 左移一位
40           if (flag) a=a|0x0001;     //如果最高位是 1，则移动到最低位
41       }                            //while 循环结束
42   }
```

对从右向左循环的显示效果来说，显示的内容是按一定的时间间隔低位从右边向左边移动，同时左边的最高位移动到右边的最低位。在移动过程中，最高位可能是 0，也可能是 1。如果最高位是 0，则根据左移规则，直接向左移动 1 位即可；如果最高位是 1，则按左移动规则，右边最低位填的是 0，这时需要把最高位的 1 移动到最低位。因此编写程序的关键是每次移动时需要对最高位进行判断。

程序内容分为两部分，第一部分定义了一个子函数 void my_printf(int tdata)，作用是将一个十进制数转换为二进制数；第二部分是主函数，实现循环移动功能。

程序的第 4~20 行是将十进制数转换为二进制数，并在屏幕上显示子程序。编程思路是把十进制数按位取出放置在数组中，将数组的内容按位输出显示。

程序的第 26~41 行用了一个 while 循环语句，当有键位按下时就读取键值，当没有键位按下时就执行 else 语句，输入 e 时退出循环。其中，第 34 行为 Sleep()线程挂起，起延时作用，循环执行时每次显示的时间间隔通过该函数参数值的大小调节，1000 等于 1 秒；第 40 行是对最高位 flag 进行处理，如果最高位是 1，则将其移动到最低位。

广告牌循环展示的程序运行结果如图 12-7 所示。运行结果中测试输入的十进制数是 5，其对应的二进制数是 0000 0101，循环一次的结果是 0000 1010。从运行结果来看，达到了预期效果，显示正确。

图 12-7　广告牌循环展示的程序运行结果

拓展任务　俄罗斯方块之碰撞检测

在俄罗斯方块游戏中，方块下落过程中的碰撞原理如图 12-8 所示。图下方的红色方块表示的是之前已经摆放的方块，上方的绿色方块是下落的形状。此时，它们应该发生碰撞，绿色的形状应该停止向下移动，摆放在当前的位置。

图 12-8　方块下落过程中的碰撞原理

图 12-8 彩图

对下边界的碰撞来说，因为下边界是固定不变的，所以只需要根据当前状态判断方块与下边界的距离即可知道是否发生碰撞。但是在游戏中，那些已摆放的红色方块的位置是不确定的，这就导致发生碰撞的情况也是不确定的，如图 12-9 所示。

图 12-9 中所有的情况都会发生"碰撞"。为寻找碰撞规律，对图 12-9 进行数据填充（用 0 表示空位置，1 表示方块）。填充后的效果如图 12-10 所示。填充数据后发现：只要当前形状上的任何一个方块位置的下方是 1，就会发生碰撞。

通过上述分析可以总结碰撞检测的过程：依次查看当前形状上的每一个方块，如果发现有任何一个方块下方的位置是 1，则意味着当前形状与已堆叠的方块发生了碰撞。

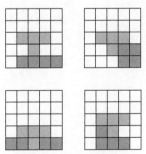

图 12-9　碰撞的不确定性

图 12-10　碰撞的不确定性（填充后的效果）

图 12-9 彩图

图 12-10 彩图

上述碰撞检测的过程实现代码如下。

```
1    #include <stdio.h>           //程序的预处理命令
2    // 碰撞检测函数
3    int hitTest(const Block *block, const Tetris *tetris)
4    {
5        unsigned short blk = gBlockList[block->type][block->state];
6        for (int i = 0; i < BLOCK_HEIGHT; i++){
7            unsigned short bits = ((blk >> (i * BLOCK_WIDTH)) & 0x000F);
8            //block->col 可能为负数
```

```
9              if (block->col < 0){
10                 bits >>= (-block->col);
11             }else{
12                 bits <<= block->col;
13             }
14             if (tetris->blockContainer[block->row + i] & bits){
15                 return 1;
16             }
17         }
18     return 0;
19  }
```

该段代码的主要逻辑是一个 for 循环，变量 bits 表示大方块的某一行所代表的位值，最后以这个值和容器的值进行比较，相撞则返回 1。

课后习题

一、选择题

1. 若整型变量 x 和 y 的值相等且为非 0 值，则以下选项中结果为 0 的表达式是（   ）。

    A. x || y   B. x | y   C. x & y   D. x ^ y

2. 在位运算中，操作数每左移 1 位相当于（   ）。

    A. 操作数乘以 2   B. 操作数除以 2   C. 操作数乘以 16   D. 操作数除以 16

3. 以下程序的运行结果是（   ）。

```
int main(){
    char x=040;
    printf ("%o\n",x<<1);
}
```

    A. 100   B. 80   C. 64   D. 32

4. 若有定义语句 char c1=92,c2=92;，则以下表达式中值为 0 的是（   ）。

    A. c1 ^ c2   B. c1 & c2   C. ~ c2   D. c1 | c2

二、编写程序

采用位运算计算 4 的平方、立方和平方根。

单元13
文件管理与操作

13

知识目标

1. 理解文件的特点及分类。
2. 掌握文件打开与关闭函数的应用。
3. 掌握文件读写函数的应用。
4. 掌握文件定位函数的应用。

能力目标

1. 能够读取文本文件的内容。
2. 能够完成二进制文件的读/写操作。

素质目标

1. 培养独立思考的能力。
2. 培养组织管理能力。

单元任务组成

本单元主要学习I/O操作基础知识、二进制文件读/写、文本文件读/写、文件定位等内容，任务组成情况如图13-1所示。

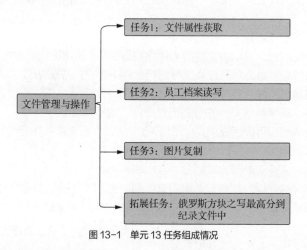

图 13-1　单元 13 任务组成情况

任务 1　文件属性获取

任务目标

使用 C 语言编程实现文件基本属性的获取，包括位置、大小、创建时间、修改时间等。

相关知识

知识点 1：文件分类

文件通常是指存储在计算机外部介质上的相关数据的集合。一般数据以文件的形式存放在外部介质上，计算机操作系统以文件为单位对数据进行系统管理。存储程序的代码文件通常称为程序文件，存储数据的文件称为数据文件。按数据在介质上的存储方式，可分为文本文件和二进制文件。

程序中需要对外部文件中的数据进行访问，从外部文件中调用数据给程序中的变量，通常称为"输入"或"读"；把程序中变量的值写到外部文件，通常称为"输出"或"写"。对文件的输入和输出方式也称为"存取方式"，常用的存取方式有顺序方式和随机方式。常见的计算机文件分类方法有以下几种。

（1）按数据的存放方式划分

如果文件中的数据是以字节为单位顺序组织的，则把这类文件称为流式文件，简称流。C 语言程序中的输入、输出文件是以数据流的形式存储在介质上的，按数据的存放方式划分，文件可分为文本文件和二进制文件。

文本文件是指文件中的数据以字符的 ASCII 值存储到文件中，一个字符占一个字节。例如，int 型十进制数 123456 在内存中占 4 个字节，按文本文件格式存储 1、2、3、4、5、6 这 6 个数字时，实际存储的是这 6 个数字的 ASCII 值。文本文件的优点是各种文本编辑器可以直接将其打开阅读和编辑。

二进制文件是指数据按二进制形式直接输出到文件中，数据不经过任何转换，按计算机内存的存储形式直接存放到磁盘上，即文件的字节中存放的是一个二进制数据。二进制文件的程序运行效率较高。例如，上面的 int 型十进制数 123456 按二进制文件存储方式存放时，只占 4 个字节的外存空间。

字符数据在文本文件和二进制文件中存储所占用的外存空间是一样的，是按字符的 ASCII 值存储的。

（2）按文件的存取方式划分

按文件的存取方式划分，可以将文件分为顺序存取文件和随机存取文件。

顺序存取文件的特点：每当打开这类文件进行读/写操作时，总是从文件头开始，按照从头到尾的顺序读和写；也就是说，顺序存取文件时，要读取第 n 个字节，首先需读完前面的 n-1 个字节。因此，在很多情况下，顺序存取文件的方式相对缓慢，效率较低。

随机存取文件的特点：可以通过调用 C 语言的库函数，直接读取指定位置的数据。在数据量大的情况下，存取效率较高。

（3）按编译系统对文件的处理方式划分

按编译系统对文件的处理方式划分，可将文件划分为有缓冲区文件系统和无缓冲区文件系统。

有缓冲区文件系统是指系统自动在内存中为每个正在使用的文件开辟一片存储区，作为文件操作的数据缓冲区。在进行数据存取时，系统先将数据放置到缓冲区中，由缓冲区与外部磁盘、U 盘等外设进行数据交换。利用这种方式处理数据的优点是不需要频繁地对外设进行输入和输出操作，可以提高程序的执行效率；缺点是需要占用一定大小的内存空间，且在系统意外关机或没有关闭文件时，会因为留在缓冲区中的数据尚未写入磁盘文件而造成数据丢失。有缓冲区文件系统读写文件示意如图 13-2 所示。

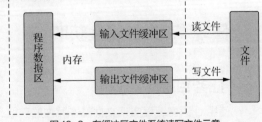

图 13-2　有缓冲区文件系统读写文件示意

无缓冲区文件系统是指系统不自动开辟内存空间作为缓冲区，程序中只要做出数据的写入操作，就立刻进行写盘工作。其优点是如果系统突然关机，则损失较小；缺点是读写速度慢，运行效率低。

知识点 2：文件指针

C 语言对文件的操作是通过一个特殊的结构变量 FILE 来实现的。C 语言提供了一个 FILE 结构体类型来保存与缓冲区以及文件操作有关的信息，如缓冲区的大小、文件名、文件的状态及当前位置等。无论是使用磁盘文件还是其他设备存储文件，都要通过 FILE 结构体类型的数据集合进行文件数据的输入和输出处理。此结构体类型名为 FILE，FILE 定义在 stdio.h 中。对文件进行操作时，首先需要定义文件指针，文件指针是一个指向 FILE 的指针，C 语言中所有的输入/输出（Input/Output，I/O）函数都是通过文件指针存取数据流（文件）的数据的。定义文件类型指针变量的一般格式如下。

```
FILE *文件指针名；
```

例如，在 FILE *fp1,*fp2 表达式中，fp1 和 fp2 均被定义为指向文件类型的指针变量，称为文件指针。在了解文件指针后，文件操作的流程可以概括为以下几步。

① 定义文件类型指针，如 FILE *fp;。
② 打开文件，按指定方式打开文件，使 fp 和文件建立关联。
③ 文件操作，通过 fp 对文件进行读写等操作。
④ 关闭文件，断开 fp 和文件的关联。

在读写文件之前，使用系统库函数 fopen() 将指定的文件打开，文件读写操作结束后，通过库函数 fclose() 将文件关闭。

知识点 3：文件开/关操作

打开文件是使用文件的第一步，关闭文件是使用文件的最后一步。C 语言提供了 fopen() 和 fclose() 函数来实现文件的打开和关闭，它们的函数原型在 stdio.h 中。

（1）fopen() 函数

fopen() 函数的语法格式如下。

```
FILE *fopen("文件名","操作方式")；
```

打开文件的过程是系统为文件分配一个缓冲区，建立一个文件。如果成功打开文件，则返回一个文件指针，指向该文件；否则，返回 NULL（即 0）。

例如，FILE *fp=fopen("file.txt","r");表示以只读方式打开文件 file.txt。

文件的操作方式如表 13-1 所示。

表 13-1　文件的操作方式

操作方式	含义	读写方式
r	以输入方式打开一个文本文件	只读
w	以输出方式打开一个文本文件	只写
a	向文本文件末尾追加数据，若文件不存在则创建	追加
rb	以输入方式打开一个二进制文件	只读
wb	以输出方式打开一个二进制文件	只写
ab	向二进制文件末尾追加数据，若文件不存在则创建	追加
r+	以读和写方式打开一个文本文件	可读/写

续表

操作方式	含义	读写方式
w+	以读和写方式打开一个文本文件	可读/写
a+	以读和写方式打开一个文本文件，若文件不存在则创建	可读/写
rb+	以读和写方式打开一个二进制文件	可读/写
wb+	以读和写方式打开一个二进制文件	可读/写
ab+	以读和写方式打开一个二进制文件，若文件不存在则创建	可读/写

① 用"r"打开的文件只能用于读取该文件的内容，而不能向该文件写入数据。该文件首先需要存在，不能用"r"打开一个不存在的文件。如果指定文件打开成功，则 fopen()函数将返回指向该文件的指针，该文件位置指针将指向文件的起始位置；如果该文件不存在，则 fopen()函数返回空指针值 NULL。

② 用"w"打开的文件只能用于向该文件写数据。如果原来不存在该文件，则在打开文件时新建一个以指定名称命名的文件。如果已经存在一个以该名称命名的文件，则在打开文件时将原文件的数据删除，该文件位置指针将指向文件的起始位置。

③ 如果希望向文件末尾增添内容，不希望删除原有数据，则可以通过"a"方式打开。

④ 用"r+""w+""a+"方式打开的文件既可以用来输入数据，又可以用来输出数据。用"r+"方式打开时，该文件已经存在，可向计算机输入数据。用"w+"方式打开时，会新建一个文件，先向此文件写数据，然后可以读此文件中的数据。用"a+"方式打开的文件，原来的文件内容不会被删除，位置指针移动到文件末尾，可以添加新的数据，也可以读数据。

（2）fclose()函数

关闭文件就是使文件指针变量不再指向该文件。fclose()函数的语法格式如下。

```
fclose(文件指针);
```

例如，fclose(fp);表示关闭 fp 所指向的文件。

任务实现

C 语言的 stat()函数用来将 file_name 所指的文件状态复制到参数 buf 所指的结构中，使用 stat()函数需要引入<sys/stat.h>头文件。

```
1    #include <stdio.h>    //程序的预处理命令
2    #include <time.h>
3    #include <sys/stat.h>
4    int main()            //程序的主函数
5    {
6        struct stat buf;
7        if (stat("info.txt", &buf) < 0)
8        {
9            return;
10       }
11       printf("文件的大小是: %d字节\n", buf.st_size);
12       printf("文件创建的时间是: %s", ctime(&buf.st_ctime));
13       printf("文件最近修改的时间是: %s", ctime(&buf.st_mtime));
14   }
```

程序的前 3 行引入了程序依赖的头文件；第 6 行定义了 stat 类型的结构体 buf，用于接收文件的属性信息；第 7 行用于判断文件属性是否获取成功（执行成功则返回 0，失败则返回-1），若获取成功，则输出文件属性信息，若失败，则通过 return 语句直接返回，程序结束；第 11～13 行分别输出了结构体中文件的大小、创建的时间和最近修改的时间这 3 个属性。其中，ctime()函数用于实现时间的格式化。文件属性获取的程序运行结果如图 13-3 所示。

图 13-3 文件属性获取的程序运行结果

任务2 员工档案读写

任务目标

使用文本文件读写的相关知识，编程实现员工档案信息的读写操作。

相关知识

知识点 1：字符读/写

C 语言分别通过函数 fgetc()和 fputc()实现字符的读和写操作。

fgetc()函数的调用方式如下。

```
fgetc(文件指针名);
```

该函数的功能是从指定文件中读取一个字符，赋予字符变量，文件指针后移一个字符位置。如果读取成功，则带回读取的字符，为字符变量赋值，遇到文件结束标志时，fgetc()函数的返回值为 EOF。例如：

```
char ch;
ch = fgetc(fp);
```

该语句表示从文件 fp 中读取一个字符赋予变量 ch，同时 fp 的读写位置指针向前移动到下一个字符位置。

fputc()函数的调用方式如下。

```
fputc(字符变量名,文件指针名);
```

该函数的功能是将字符变量的内容写入指定文件中（通过文件类型指针指定文件），函数有返回值；如果写入字符成功，则返回字符的 ASCII 值，如果写入字符失败，则返回值为 EOF。

知识点 2：字符串读/写

C 语言分别通过函数 fgets()和 fputs()实现字符串的读和写操作。

fgets()函数的调用方式如下。

```
fgets(str,n,fp);
```

该函数的功能是从 fp 指向的文件中读取 n 个字符放入起始地址为 str 的存储空间中。如果未读满 n-1 个字符时已经读到一个换行符或一个文件结束标志 EOF，则结束本次读操作，即 fgets()函数最多只读 n-1 个字符。读入结束后，系统自动在最后加"\0"，并将 str 的值作为函数返回值。

fputs()函数的调用方式如下。

```
fputs(str,fp);
```

该函数的功能是将以 str 为首地址的字符串写入 fp 指向的文件中。使用此函数进行输出时，字符串最后的"\0"并不写入文件中。若写入成功则函数值为 0，否则为非 0。

知识点3：文本文件读/写

C 语言分别通过函数 fscanf()和 fprintf()实现文本文件的读和写操作。

fscanf()函数的功能是从 fp 指向的文件中，按照说明的格式向变量提供数据。其调用方式如下。

```
fscanf(文件指针 fp,格式控制字符串,输入地址列表);
```

例如，fscanf(fp,"%d%d",&a,&b)的含义如下：文件指针 fp 指向一个已经打开的文本文件，a 和 b 分别为整型变量，从 fp 所指向的文件中读入两个整型数据存入变量 a 和 b 中。

fprintf()函数的作用是将指定变量的值按照一定的格式写入 fp 指向的文件中。其调用方式如下。

```
fprintf(文件指针 fp,格式控制字符串,输出地址列表);
```

例如，fprintf(fp,"%d,%f",i,j)的含义如下：文件指针 fp 指向一个已经打开的文本文件，i 和 j 分别为整型变量和实型变量，将整型变量 i 和实型变量 j 的值按照%d 和%f 的格式输出到 fp 指向的文件中。

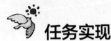
任务实现

本任务首先需要根据交互提示，将用户输入的员工信息保存至文本文件（person.txt）中，然后调用文本文件读取函数来读取文本文件内容，并将结果显示在控制台上。

```c
1    #include <stdio.h>          //程序的预处理命令
2    int main()                  //程序的主函数
3    {
4        char name[10];          //定义员工姓名
5        int age;                //定义员工年龄
6        FILE *fp;               //定义文件指针
7
8        //检查打开的文件操作是否有错
9        if ((fp = fopen("person.txt", "w")) == NULL)
10       {
11           printf("无法打开文件");     //提示信息输出
12           return;                     //当前函数返回
13       }
14       //将员工信息写入文件中
15       printf("输入员工信息：\n name    age \n");   //员工信息输入提示
16       scanf("%s %d", name, &age);                  //员工信息输入
17       fprintf(fp, "%s  %d ", name, age);           //员工信息写入文件
18       fclose(fp);                                  //关闭文件
19
20       //读取文件内容并显示在控制台上
21       if ((fp = fopen("person.txt", "r")) == NULL)
22       {
23           printf("无法加载文件!");   //提示信息输出
24           return;
25       }
26       printf("\n name    age \n");              //输出信息
27       fscanf(fp, "%s %d", name, &age);          //读出文件内容
28       printf("%-10s%-10d% \n", name, age);      //输出信息
29       fclose(fp);
30   }
```

程序的第 4～6 行分别定义了员工姓名、员工年龄、文件指针变量；第 9～13 行用于判断文件

是否成功加载，若加载成功，则程序继续向后执行，若加载失败，则程序给出提示信息的同时直接结束；第 15 行在控制台上给出输入的提示信息；第 16 行采用 name 和 age 变量接收用户输入的信息；第 17 行将 name 和 age 变量对应的内容写入文本文件中；第 18 行关闭文本文件。至此，文件写入过程结束。程序的第 21～25 行用于判断文本文件 person.txt 是否加载成功，功能与第 9～13 行的功能相同；第 26 行在控制台上输出头文件信息；第 27 行用于读取文本文件，并将内容赋予 name 和 age 两个变量；第 28 行将 name 和 age 变量内容输出至控制台上；第 29 行用于关闭文件，程序结束。

> **注意** 函数 fscanf()、fprintf()与函数 scanf()、printf()相似，函数 fscanf()和 fprintf()读写操作的对象是文本文件，函数 scanf()和 printf()读/写操作的对象是键盘和屏幕。员工档案读写的程序运行结果如图 13-4 所示。

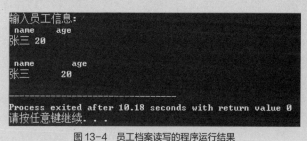

图 13-4 员工档案读写的程序运行结果

任务 3 图片复制

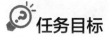

任务目标

使用二进制文件读写的相关知识，编程实现图片复制功能。

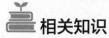

相关知识

在实际开发中，音频、视频、图片等文件并不以文本形式进行存储，而以二进制形式进行存储与操作。C 语言提供函数 fread()和 fwrite()分别实现二进制文件的读和写操作。

知识点 1：二进制文件读操作

二进制文件读取函数 fread()的功能是把 fp 指定文件中的大小为 size * count 的数据块读到内存 buffer 的数组中，函数的返回值是读取的内容数量。其中，count 表示对象个数，size 表示每个对象的大小。其调用方式如下。

```
fread(buffer,size,count,fp);
```

其中，各参数的含义如下。
① fp 是读取数据的文件指针。
② buffer 是接收文件数据的内存首地址，通常是数组名或指针变量名等。
③ size 是一个数据块的字节数，即块的大小。
④ count 是执行一次 fread()函数读取的数据块的数目。
如果 fread()调用成功，则函数返回值等于 count。

知识点 2：二进制文件写操作

二进制文件写入函数 fwrite()的功能是把 buffer 数组中一些大小为 size*count 的数据块写入 fp 指定的文件中。其调用方式如下。

```
fwrite(buffer,size,count,fp);
```

fwrite()函数各参数的含义与 fread()函数相同，这里不赘述。

知识点 3：文件定位

磁盘上文件的数据是按字节连续存放的字符序列，文件中的数据的基本读写单位是字节。对于这种流式文件可以进行顺序读写，也可以进行随机读写。其关键在于控制文件的位置指针，如果位置指针按字节位置顺序移动，则称为顺序读写。如果文件的位置指针可以按程序设计者的需要移动到任意位置进行读写，则称为随机读写。

顺序读写一个文件时，每读或写一个数据后，文件的位置指针将自动移动到下一个数据的位置，为下一次读写做好准备。如果想改变位置指针到自己想要的位置，则可以使用 C 语言系统提供的一些文件定位函数。使用定位函数前，需要掌握以下几个定位相关术语。

文件头：指磁盘文件数据开始的位置。

文件尾：指磁盘文件数据结束之后的位置。

文件当前位置指针：表示当前读或写的数据在文件中的位置。当通过 fopen()函数以"r"方式打开文件时，文件位置指针总是指向文件的开始，即第一个数据之前。

C 语言提供的定位函数有 rewind()、fseek()和 ftell()。

（1）定位函数 fseek()

fseek()函数用来设置位置或偏移量。其调用方式如下。

```
fseek(fp,offset,origin);
```

该函数中各参数的含义如下。

① fp：文件流，一般指文件指针。

② offset：以字节为单位的位移量，属于长整型数据。当位移量是正整数时，表示后移，即向文件尾部方向移动；当位移量是负整数时，表示前移。

③ origin：位移的起始点，用于指定位移量是以哪个位置为基准的。起始点可以用标识符表示，也可以用数值表示。

表 13-2 展示了起始点的标识符和数字的对应关系。例如，fseek(fp,-20L,2)表示文件位置指针从文件尾前移 20 个字节。

表 13-2　起始点的标识符和数字的对应关系

标识符	数字	含义
SEEK_SET	0	基准点为文件头
SEEK_END	2	基准点为文件尾
SEEK_CUR	1	基准点为当前指针位置

（2）位置函数 ftell()

ftell()函数的作用是获得当前指针的位置，给出当前指针相对于文件头的字节数。当函数调用出错时，函数返回长度为-1L 的偏移字节数。使用 ftell()函数能方便地知道一个文件的长度。其调用方式如下。

```
long n = ftell(fp);
```

例如：

```
fseek(fp,0L,SEEK_END);
long len = ftell(fp);
```

以上代码首先将指针从文件的当前位置移到文件的末尾，然后调用 ftell()函数获得当前位置相对于文件头的位移，该位移值等于文件所含字节数。

（3）位置指针重置函数 rewind()

rewind()函数的作用是将文件的位置指针返回到文件头。其调用方式如下。

```
rewind(fp);
```

其中，fp 必须是一个有效的文件指针，即它已经指向一个由 fopen()函数打开的文件。

 任务实现

本任务首先采用二进制文件读取函数 fread()读取原始图片的二进制信息，然后采用二进制文件写入函数 fwrite()将原始图片的信息写入新文件，从而实现图片的复制功能。

```
1    #include <stdio.h>                        //程序的预处理命令
2    #include <stdlib.h>                       //标准库函数
3    int main()                                //程序的主函数
4    {
5        //定义文件指针
6        FILE *fp_source;
7        FILE *fp_target;
8
9        //检查打开的文件操作是否有错
10       if ((fp_source = fopen("source.png", "rb")) == NULL)
11       {
12           printf("原图片加载失败");          //提示信息输出
13           return;                           //当前函数返回
14       }
15       //获取原图片内容大小
16       fseek(fp_source, 0, SEEK_END);        //将指针的读取位置放到末尾
17       int i = ftell(fp_source);             //得到起始偏移量，这里是文件大小
18       rewind(fp_source);                    //将指针的读取位置恢复到起始位置
19
20       //读取原图片内容
21       char *p = (char *)malloc(i);          //申请与原图片相同大小的动态内存空间
22       fread(p, 1, i, fp_source);            //复制(读取原图片信息)
23
24       //将内容写入目标文件 target.png
25       fp_target = fopen("target.png", "wb");    //打开目标文件
26       fwrite(p, 1, i, fp_target);               //粘贴(实现图片复制)
27
28       //关闭文件
29       fclose(fp_source);
30       fclose(fp_target);
     }
```

程序的第 6、7 行分别定义了原图片和目标图片的文件指针；第 10～14 行用于验证原图片是否成功加载，若加载失败，则程序给出提示的同时直接结束运行。图片复制的程序运行结果如图 13-5 所示。

图13-5　图片复制的程序运行结果

程序的第 16 行通过 fseek()函数将指针的读取位置放到末尾；第 17 行通过 ftell()函数获取原图片的内容距离起始位置的偏移量，即文件大小（以字节为单位）；第 18 行通过 rewind()函数将文件指针重新定位于起始位置，为后续读取文件内容做准备。

程序的第 21 行用于申请与原图片相同大小的动态内存空间，方便一次性将文件内容读取到内存中；第 22 行通过 fread()函数实现原图片内容的读取，其中 1 和 i 分别代表原图片文件指针的起始位置和结束位置，实现了一次性读取图片内容并赋予 p。

程序的第 25 行用于打开目标文件，以"wb"方式打开文件时，若文件不存在，则系统会自动创建文件；第 26 行通过 fwrite()函数实现内容的写入，从而实现复制功能；第 29、30 行分别关闭原图片和目标图片文件。

拓展任务　俄罗斯方块之写最高分到纪录文件中

使用文本文件写、文件定位等相关知识，编程实现将俄罗斯方块用户的最高纪录分数写入纪录文件中。俄罗斯方块最高纪录分数以文本文件方式保存。要想写入最高分，首先要通过 fopen()函数打开文件，然后通过 fwrite()函数将本局游戏得分写入文件中，最后关闭文件。

```
1    #include <stdio.h>          //程序的预处理命令
2    #include <stdlib.h>         //标准库函数
3    void_t GT_WriteScore()
4    {
5            //以只写方式打开文件
6            FILE* pf = fopen(GT_HIGHEST_RECORD_FILE_NAME, "w");
7            if (pf == NULL)
8            {
9                    fprintf(stdout, "Save the highest record failfully\n");
10                   exit(EXIT_SUCCESS);
11           }
12
13           //将本局游戏得分写入纪录文件中（更新最高历史得分）
14           fwrite(&gt_score, sizeof(int), 1, pf);
15
16           fclose(pf);
17           pf = NULL;
18   }
```

课后习题

一、选择题

1. 标准库函数 fgets(s,n,f)的功能是（　　）。

A. 从文件 f 中读取长度为 n 的字符串并将其存入指针 s 所指的内存

B. 从文件 f 中读取长度不超过 n-1 的字符串并将其存入指针 s 所指的内存

C. 从文件 f 中读取 n 个字符串并将其存入指针 s 所指的内存

D. 从文件 f 中读取长度为 n-1 的字符串并将其存入指针 s 所指的内存

2. 在 C 语言中，对文件的存取以（　　　）为单位。

    A．记录　　　　　　　B．字节　　　　　　　C．元素　　　　　　　D．簇

3. 下面表示文件指针变量的是（　　　）。

    A．FILE *fp　　　　　B．FILE fp　　　　　　C．FILER *fp　　　　D．file *fp

4. 下面对 C 语言中的文件的叙述正确的是（　　　）。

    A．用"r"方式打开的文件只能向文件中写数据

    B．用"R"方式也可以打开文件

    C．用"w"方式打开的文件只能用于向文件中写数据，且该文件可以不存在

    D．用"rb+"方式可以打开不存在的文件

5. 在 C 语言中，系统自动定义的 3 个文件指针 stdin、stdout 和 stderr 分别指向终端输入、终端输出和标准出错输出，则函数 fputc(ch,stdout)的功能是（　　　）。

    A．输入一个字符给字符变量 ch　　　　　　B．在屏幕上输出字符变量 ch 的值

    C．将字符变量的值写入文件 stdout 中　　　　D．将字符变量 ch 的值赋予 stdout

6. 以下程序段的功能是（　　　）。

```
#include <stdio.h>
int main()
{char s1;
s1=putc(getc(stdin),stdout);}
```

    A．输入一个字符给字符变量 s1

    B．输入一个字符，并将其输出到屏幕

    C．输入一个字符，并将其输出到屏幕的同时赋予变量 s1

    D．在屏幕上输出 stdout 的值

二、编写程序

编写一个 C 语言程序，读写文本文件 test.txt 的内容并将其输出到屏幕上，在文件末尾添加字符"C is a general purpose programming language!"。

单元14
综合项目开发
——俄罗斯方块

14

知识目标

1. 掌握使用C语言开发软件项目的流程，表现为需求分析、概要设计、详细设计、编程、测试、软件交付、验收、维护的整体流程。

2. 实践C语言知识体系，练习变量、数组、函数、条件编译、指针、预编译、文件等在项目中的使用。

3. 理解面向过程程序设计思想，具体为事件驱动编程，实践自顶向下逐步细化、模块化设计、结构化编程思想。

能力目标

1. 能够启动编辑工具，创建和打开C语言文件。

2. 能够完成代码的编写与编译。

3. 能够加载C语言文件，完成代码的修改、调试和运行。

4. 能够找到并运行可执行文件。

5. 能编写基本的程序设计文档。

6 掌握项目产品工程化能力。

素质目标

1. 培养产品设计思维。

2. 培养项目管理能力。

单元任务组成

本单元主要学习使用C语言开发软件的处理流程，练习变量、数组、函数、条件编译、指针、预编译、文件等在项目中的使用，理解面向过程程序设计思想。本单元任务组成情况如图14-1所示。

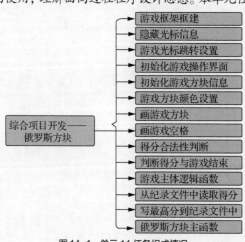

图14-1 单元14 任务组成情况

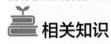
任务目标

使用 C 语言编写一个俄罗斯方块游戏系统，要求程序运行后有一个图形用户界面，实现各种方块的产生，包括方块形状和颜色等信息，完成左、右、下旋转的功能，在消行的同时加分，在单击暂停按钮或者按空格键的时候暂停或开始游戏，最后结束游戏。

相关知识

知识点 1：软件项目开发流程

软件项目开发流程如图 14-2 所示。

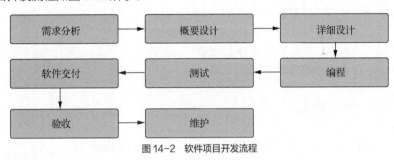

图 14-2　软件项目开发流程

（1）需求分析

① 系统分析员向用户初步了解需求，然后用相关工具软件列出要开发的系统的大功能模块，以及每个大功能模块有哪些小功能模块。

② 系统分析员深入了解和分析需求，根据自己的经验和需求用 Word 或相关工具制作一份文档系统的功能需求文档。这次的文档应清楚地列出系统大致的大功能模块，以及大功能模块有哪些小功能模块，且列出相关界面和界面功能。

③ 系统分析员向用户再次确认需求。

（2）概要设计

首先，开发者需要对软件系统进行概要设计，即系统设计。概要设计时需要对软件系统的设计进行考虑，包括系统的基本处理流程、系统的组织结构、模块划分、功能分配、接口设计、运行设计、数据结构设计和出错处理设计等，为软件的详细设计提供基础。

（3）详细设计

在概要设计的基础上，开发者需要进行软件系统的详细设计。在详细设计中，描述实现具体模块所涉及的主要算法、数据结构、类的层次结构及调用关系，需要说明软件系统各个层次中每一个程序（每个模块或子程序）的设计考虑，以便进行编码和测试。应当保证软件的需求完全分配给整个软件。详细设计应当足够详细，能够根据详细设计报告进行编程。

（4）编程

在编程阶段，开发者根据软件系统详细设计报告中对数据结构、算法分析和模块实现等方面的设计要求，开始具体的程序编写工作，分别实现各模块的功能，从而实现对目标系统的功能、性能、接口、界面等方面的要求。在规范化的研发流程中，编程工作在整个项目流程中花费的时间不会超过 1/2，通常在 1/3 左右。所谓"磨刀不误砍柴工"，设计过程完成得好，编程效率就会极大地提高，编程时不同模块之间的进度协调和协作是最需要小心的，也许一个小模块的问题就会影响整体进度，很多程序员被迫停下工作等待，这类情况在很多研发过程中出现过。

（5）测试

测试编写好的系统。将系统交给用户使用，用户使用后依次确认每个功能是否正常。软件测试有多种：按照测试执行方，可以分为内部测试和外部测试；按照测试范围，可以分为模块测试和整体联调；按照测试条件，可以分为正常情况测试和异常情况测试；按照测试的输入范围，可以分为全覆盖测试和抽样测试。以上都很好理解，不再解释。总之，测试同样是项目研发中一个相当重要的步骤，对于一款大型软件，3 个月到 1 年的外部测试都是正常的，因为永远都会有不可预料的问题存在。完成测试后，成功验收并完成最后的一些帮助文档的编写后，整体项目才算告一段落，且日后还要升级、修补等，需要不停地跟踪软件的运营状况并持续修补、升级，直到这款软件被彻底取代。

（6）软件交付

软件经测试达到要求后，软件开发者应向用户提交开发的目标安装程序、数据库的数据字典、用户安装手册、用户使用指南、需求报告、设计报告、测试报告等双方合同约定的产物。

用户安装手册应详细介绍安装软件对运行环境的要求，安装软件的定义和内容，在客户端、服务器端及中间件上的具体安装步骤，安装后的系统配置等。

用户使用指南应包括软件各项功能的使用流程、操作步骤、相应业务介绍、特殊提示和注意事项等方面的内容，在需要时还应举例说明。

（7）验收

按照用户需求做验收处理。

（8）维护

根据用户需求的变化或环境的变化，对应用程序进行全部或部分修改。

知识点 2：面向过程编程

面向过程（Procedure Oriented）是一种以过程为中心的编程思想，以什么正在发生为主要目标进行编程。面向过程编程就是要分析出解决问题所需要的步骤，并使用函数一步一步实现这些步骤。面向过程编程如图 14-3 所示。

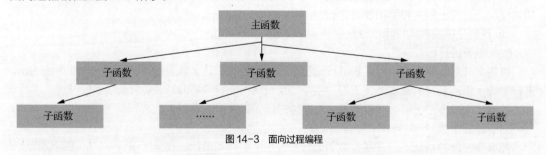

图 14-3　面向过程编程

知识点 3：结构化程序设计

（1）自顶向下逐步细化

自顶向下逐步细化可以使 C 语言代码的出错率降低，更能提高 C 语言程序的运行效率，它能将一个具体的问题抽象化再加以注释，方便人们理解。

（2）模块化设计

将一个复杂的问题模块化，可使每个模块的功能更简洁、更单一，模块在 C 语言中可通过函数实现。

（3）结构化编程

设计好结构化算法之后，还要进行结构化编程。将设计好的算法用具体的程序设计语言来表示，即可得到结构化程序。

任务实现

1. 游戏说明

（1）按方向键的左、右键可实现方块的左、右移动。

（2）按空格键可实现方块的顺时针旋转。

（3）按 Esc 键可退出游戏。

（4）按 S 键可暂停游戏，暂停游戏后按任意键可继续游戏。

（5）按 R 键可重新开始游戏。

2. 游戏效果展示

俄罗斯方块游戏效果如图 14-4 所示。

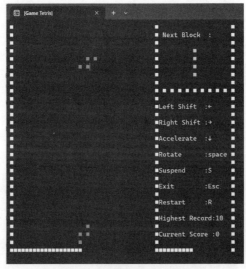

图 14-4　俄罗斯方块游戏效果

3. 游戏代码

```c
//game_tetris.h
#ifndef GAME_TETRIS_H
#define GAME_TETRIS_H
    #ifdef __unix__                             //UNIX/Linux 环境
        #define OS_Windows 0
        #include <unistd.h>
        #include <stdlib.h>
        #include <stdio.h>
        #include <string.h>
        #include <time.h>
        #include <conio.h>
        #include <stdint.h>
    #elif defined(_WIN32) || defined(WIN32)   //Windows 环境
        #define OS_Windows 1
        #include <tchar.h>
        #include <stdio.h>
        #include <Windows.h>
        #include <stdlib.h>
```

```
        #include <time.h>
        #include <conio.h>
        #include <stdint.h>
#endif

//方向键: 右
#define RIGHT 77
//方向键: 左
#define LEFT 75
//方向键: 下
#define DOWN 80

#define COL_LEN 10
#define SPACE_ROW_LEN 4
#define SPACE_COL_LEN 4

//方块行数
#define BLOCK_ROW_LEN 7
//方块列数
#define BLOCK_COL_LEN 4

//游戏区行数
#define ROW 29
//游戏区列数
#define COL 20

//空格键
#define SPACE 32
//Esc键
#define ESC 27

//允许用户反应时间
#define TIME_LEN_SECOND 1200

//游戏最高分纪录文件名称
#define GT_HIGHEST_RECORD_FILE_NAME "gt_hr_fn.txt"

//方块标记为有
#define BLOCK_FLAG_TRUE  1
//方块标记为无
#define BLOCK_FLAG_FALSE     0

//合法
#define LEGAL_FLAG          1
//不合法
#define ILLEGAL_FLAG        0

//每行得分
#define PER_ROW_SCORE       10
```

```
//方块下落速度
#define FALL_VELOCITY          12000

#define JUDGESCOREOVER         1
#define JUDGESCORENOTOVER      0

//死循环
#define loop while(1)

//void 类型定义
typedef void void_t;

#pragma pack(8)
typedef struct gt_data_info
{
    //用于标记指定位置是否有方块（1 表示有，0 表示无）
    int64_t block_flag[ROW][COL + COL_LEN];
    //用于记录指定位置的方块颜色的编码
    int64_t color_encode[ROW][COL + COL_LEN];
}gt_data_info_t;

gt_data_info_t data_info_var;
#pragma pack()

#pragma pack(8)
typedef struct gt_block_info
{
    int64_t space_info[SPACE_ROW_LEN][SPACE_COL_LEN];
}gt_block_info_t;

//用于存储 7 种基本形状方块各自的 4 种形态的信息，共 28 种
gt_block_info_t block_var[BLOCK_ROW_LEN][BLOCK_COL_LEN];
#pragma pack()

//产生方块的颜色
typedef enum SHAPE_COLOR
{
    //方块颜色为紫色
    PURPLE_SHAPE = 0,

    //方块颜色为红色
    RED_SHAPE_1 = 1,
    RED_SHAPE_2 = 2,

    //方块颜色为绿色
    GREEN_SHAPE_3 = 3,
    GREEN_SHAPE_4 = 4,

    //方块颜色为黄色
    YELLOW_SHAPE = 5,
```

```c
        //方块颜色为蓝色
    BLUE_SHAPE = 6,

        //方块颜色为白色
    WHITE_SHAPE = 7,
}SHAPE_COLOR_E;

    //记录游戏最大值和最高纪录
    int64_t gt_max, gt_score;

    //初始化游戏操作界面
    void_t GT_InitOperationInterface();

    //初始化游戏方块信息
    void_t GT_InitBlockInfo();

    //隐藏光标信息
    void_t GT_StashCursorInfo();

    //游戏光标跳转设置
    void_t GT_CursorJumpSet(int64_t x, int64_t y);

    //设置方块颜色
    void_t GT_BlockSetColor(int64_t num);

    //画游戏方块
    void_t GT_DrawBlock(int64_t shape, int64_t form, int64_t x, int64_t y);

    //画游戏空格
    void_t GT_DrawSpace(int64_t shape, int64_t form, int64_t x, int64_t y);

    //启动俄罗斯方块游戏
    void_t GT_StartGameTetris();

    //从纪录文件中读取得分
    void_t GT_ReadScore();

    //写最高分到纪录文件中
    void_t GT_WriteScore();

    //得分合法性判断
    int64_t GT_LegalJudgment(int64_t shape, int64_t form, int64_t x, int64_t y);

    //判断得分与游戏结束
    int64_t GT_JudgeScoreOrOver();
#endif

//game_tetris.c
```

```c
#include "game_tetris.h"

/***********************************************
 * 描述: main()函数
 * 参数: NULL
 * 返回值: return 0
 ***********************************************/
#ifdef __unix__                             //UNIX/Linux 环境
int64_t main(int64_t argc, char **argv)
#elif defined(_WIN32) || defined(WIN32)     //Windows 环境
int64_t main()
#endif
{
    gt_max = 0, gt_score = 0;                   //变量初始化

    system("title   [Game Tetris] ");      //设置窗口的名称
    system("mode con lines=32 cols=65");    //设置窗口的大小，即窗口的行数和列数

    GT_StashCursorInfo();                       //隐藏光标
    GT_ReadScore();                             //从文件中读取最高分到 max 变量中
    GT_InitOperationInterface();                //初始化操作界面
    GT_InitBlockInfo();                         //初始化方块信息

    srand((unsigned int)time(NULL));        //设置随机数生成的起点
    GT_StartGameTetris();                       //启动游戏

    return EXIT_SUCCESS;
}


/***********************************************
 * 描述: 初始化游戏操作界面
 * 参数: NULL
 * 返回值: void
 ***********************************************/
void_t GT_InitOperationInterface()
{
    //颜色设置为白色
    GT_BlockSetColor(WHITE_SHAPE);
    for (int64_t i = 0; i < ROW; i++)
    {
        for (int64_t j = 0; j < COL + 10; j++)
        {
            if (j == 0 || j == COL - 1 || j == COL + 9)
            {
                //标记该位置有方块
                data_info_var.block_flag[i][j] = BLOCK_FLAG_TRUE;
                GT_CursorJumpSet(2 * j, i);
                fprintf(stdout, "■");
            }
            else if (i == ROW - 1)
```

```
                        {
                            //标记该位置有方块
                            data_info_var.block_flag[i][j] = BLOCK_FLAG_TRUE;
                            fprintf(stdout, "■");
                        }
                        else
                        {
                            //标记该位置无方块
                            data_info_var.block_flag[i][j] = BLOCK_FLAG_FALSE;
                        }
                }
        }
        for (int64_t i = COL; i < COL + 10; i++)
        {
            //标记该位置有方块
            data_info_var.block_flag[8][i] = BLOCK_FLAG_TRUE;
            GT_CursorJumpSet(2 * i, 8);
            fprintf(stdout, "■");
        }

        GT_CursorJumpSet(2 * COL, 1);
        fprintf(stdout, "Next Block : ");

        GT_CursorJumpSet(2 * COL - 1, ROW - 19);
        fprintf(stdout, "Left Shift  :←");

        GT_CursorJumpSet(2 * COL - 1, ROW - 17);
        fprintf(stdout, "Right Shift :→");

        GT_CursorJumpSet(2 * COL - 1, ROW - 15);
        fprintf(stdout, "Accelerate  :↓");

        GT_CursorJumpSet(2 * COL - 1, ROW - 13);
        fprintf(stdout, "Rotate      :space");

        GT_CursorJumpSet(2 * COL - 1, ROW - 11);
        fprintf(stdout, "Suspend     :S");

        GT_CursorJumpSet(2 * COL - 1, ROW - 9);
        fprintf(stdout, "Exit        :Esc");

        GT_CursorJumpSet(2 * COL - 1, ROW - 7);
        fprintf(stdout, "Restart     :R");

        GT_CursorJumpSet(2 * COL - 1, ROW - 5);
        fprintf(stdout, "Highest Record:%d", gt_max);

        GT_CursorJumpSet(2 * COL -1, ROW - 3);
        fprintf(stdout, "Current Score :%d", gt_score);
}
```

```
/***************************************************
 * 描述: 初始化游戏方块信息
 * 参数: NULL
 * 返回值: void
 ***************************************************/
void_t GT_InitBlockInfo()
{

    // "L" 形状
    for (int64_t i = 1; i <= 3; i++)
        block_var[1][0].space_info[i][1] = 1;
    block_var[1][0].space_info[3][2] = 1;

    // "J" 形状
    for (int64_t i = 1; i <= 3; i++)
        block_var[2][0].space_info[i][2] = 1;
    block_var[2][0].space_info[3][1] = 1;

    // "T" 形状
    for (int64_t i = 0; i <= 2; i++)
        block_var[0][0].space_info[1][i] = 1;
    block_var[0][0].space_info[2][1] = 1;

    // "I" 形状
    for (int64_t i = 0; i <= 3; i++)
        block_var[6][0].space_info[i][1] = 1;

    for (int64_t i = 0; i <= 1; i++)
    {

        // "Z" 形状
        block_var[3][0].space_info[1][i] = 1;
        block_var[3][0].space_info[2][i + 1] = 1;

        // "S" 形状
        block_var[4][0].space_info[1][i + 1] = 1;
        block_var[4][0].space_info[2][i] = 1;

        // "O" 形状
        block_var[5][0].space_info[1][i + 1] = 1;
        block_var[5][0].space_info[2][i + 1] = 1;
    }

    int64_t t[4][4];
    for (int64_t shape = 0; shape < BLOCK_ROW_LEN; shape++)        //行 7 种
    {
        for (int64_t form = 0; form < BLOCK_COL_LEN - 1; form++)   //列 4 种
        {
            //获取第 form 种形态
```

203

```
            for (int64_t i = 0; i < BLOCK_COL_LEN; i++)
            {
                for (int64_t j = 0; j < BLOCK_COL_LEN; j++)
                {
                    t[i][j] = block_var[shape][form].space_info[i][j];
                }
            }
            //将第 form 种形态顺时针旋转，得到第 form+1 种形态
            for (int64_t i = 0; i < BLOCK_COL_LEN; i++)
            {
                for (int64_t j = 0; j < BLOCK_COL_LEN; j++)
                {
                    block_var[shape][form + 1].space_info[i][j] = t[3 - j][i];
                }
            }
        }
    }
}


/***********************************************
 * 描述: 隐藏光标信息
 * 参数: NULL
 * 返回值: void
 ***********************************************/
void_t GT_StashCursorInfo()
{
    CONSOLE_CURSOR_INFO curInfo;

    curInfo.dwSize = 1;
    curInfo.bVisible = FALSE;

    HANDLE handle = GetStdHandle(STD_OUTPUT_HANDLE);
    SetConsoleCursorInfo(handle, &curInfo);
}

/***********************************************
 * 描述: 游戏光标跳转设置
 * 参数: x 轴
 * 参数: y 轴
 * 返回值: void
 ***********************************************/
void_t GT_CursorJumpSet(int64_t x, int64_t y)
{
    COORD pos;

    pos.X = x;
    pos.Y = y;

    HANDLE handle = GetStdHandle(STD_OUTPUT_HANDLE);
    SetConsoleCursorPosition(handle, pos);
```

```
    }

/***************************************************
 * 描述: 设置方块颜色
 * 参数:
 *        c——设置方块颜色
 * 返回值: void
****************************************************/
void_t GT_BlockSetColor(int64_t c)
{
    switch (c)
    {
    case PURPLE_SHAPE:
        // "T" 形方块设置为紫色
        c = 13;
        break;
    case RED_SHAPE_1:
    case RED_SHAPE_2:
        // "L" 形和 "J" 形方块设置为红色
        c = 12;
        break;
    case GREEN_SHAPE_3:
    case GREEN_SHAPE_4:
        // "Z" 形和 "S" 形方块设置为绿色
        c = 10;
        break;
    case YELLOW_SHAPE:
        // "O" 形方块设置为黄色
        c = 14;
        break;
    case BLUE_SHAPE:
        // "I" 形方块设置为蓝色
        c = 11;
        break;
    default:
        //其他默认设置为白色
        c = 7;
        break;
    }

    //颜色设置, 注意, SetConsoleTextAttribute 是一个 API
    SetConsoleTextAttribute(GetStdHandle(STD_OUTPUT_HANDLE), c);
}

/***************************************************
 * 描述: 画游戏方块
 * 参数:
 *        shape——形状
 *        form——形态
 *        x——x 轴
```

```
 *          y——y 轴
 * 返回值: void
 **************************************************/
void_t GT_DrawBlock(int64_t shape, int64_t form, int64_t x, int64_t y)
{
    for (int64_t i = 0; i < BLOCK_COL_LEN; i++)
    {
        for (int64_t j = 0; j < BLOCK_COL_LEN; j++)
        {
            if (block_var[shape][form].space_info[i][j] == 1)
            {
                GT_CursorJumpSet(2 * (x + j), y + i);
                fprintf(stdout, "■");
            }
        }
    }
}


/**************************************************
 * 描述: 画游戏空格
 * 参数:
 *         shape——形状
 *         form——形态
 *         x——x 轴
 *         y——y 轴
 * 返回值: void
 **************************************************/
void_t GT_DrawSpace(int64_t shape, int64_t form, int64_t x, int64_t y)
{
    for (int64_t i = 0; i < BLOCK_COL_LEN; i++)
    {
        for (int64_t j = 0; j < BLOCK_COL_LEN; j++)
        {
            if (block_var[shape][form].space_info[i][j] == 1)
            {
                GT_CursorJumpSet(2 * (x + j), y + i);
                fprintf(stdout, "  ");
            }
        }
    }
}


/**************************************************
 * 描述: 启动俄罗斯方块游戏
 * 参数: NULL
 * 返回值: void
 **************************************************/
void_t GT_StartGameTetris()
{
    //随机获取方块的形状和形态
```

```
int64_t shape = rand() % 7, form = rand() % BLOCK_COL_LEN;


loop
{
    int64_t t = 0;

    //随机获取下一个方块的形状和形态
    int64_t nextShape = rand() % BLOCK_ROW_LEN, nextForm = rand() % BLOCK_COL_LEN;
    int64_t x = COL / 2 - 2, y = 0;
    GT_BlockSetColor(nextShape);
    GT_DrawBlock(nextShape, nextForm, COL + 3, 3);

    loop
    {
        GT_BlockSetColor(shape);
        GT_DrawBlock(shape, form, x, y);
        if (t == 0)
        {
            //这里 t 越小，表示方块下落越快（可以据此设置游戏难度）
            t = FALL_VELOCITY;
        }

        while (--t)
        {
            //若键盘被敲击，则退出循环
            if (kbhit() != 0)
                break;
        }

        //键盘未被敲击
        if (t == 0)
        {
            if( GT_LegalJudgment(shape, form, x, y + 1) == 0)
            {
                for (int64_t i = 0; i < BLOCK_COL_LEN; i++)
                {
                    for (int64_t j = 0; j < BLOCK_COL_LEN; j++)
                    {
                        if (block_var[shape][form].space_info[i][j] == 1)
                        {
                            data_info_var.block_flag[y + i][x + j] = 1;
                            data_info_var.color_encode[y + i][x + j] = shape;
                        }
                    }
                }

                //判断此次方块下落是否得分以及游戏是否结束
                while (GT_JudgeScoreOrOver());
                    break; //跳出当前死循环，准备进行下一个方块的下落
            }
```

```
                    //未到底部
                    else
                    {
                        GT_DrawSpace(shape, form, x, y);
                        y++;
                    }
                }
            //键盘被敲击
            else
            {
                //读取键盘值
                char c = getch();
                switch (c)
                {
                //按方向键: 下
                case DOWN:
                    //判断方块向下移动一位后是否合法
                    if( GT_LegalJudgment(shape, form, x, y + 1) == 1)
                    {
                        GT_DrawSpace(shape, form, x, y);
                        y++;
                    }
                    break;
                //按方向键: 左
                case LEFT:
                    //判断方块向左移动一位后是否合法
                    if( GT_LegalJudgment(shape, form, x - 1, y) == 1)
                    {

                        GT_DrawSpace(shape, form, x, y);
                        x--;
                    }
                    break;
                //按方向键: 右
                case RIGHT:
                    if( GT_LegalJudgment(shape, form, x + 1, y) == 1)
                    {
                        GT_DrawSpace(shape, form, x, y);
                        x++;
                    }
                    break;
                //按空格键
                case SPACE:
                    if( GT_LegalJudgment(shape, (form + 1) % BLOCK_COL_LEN,
x, y + 1) == 1)

                    {
                        GT_DrawSpace(shape, form, x, y);
                        y++;
                        form = (form + 1) % BLOCK_COL_LEN;
                    }
                    break;
```

```
                        //按 Esc 键
                        case ESC:
                            system("cls");
                            GT_BlockSetColor(WHITE_SHAPE);
                            GT_CursorJumpSet(COL, ROW / 2);
                            fprintf(stdout, "  GAME OVER  ");
                            GT_CursorJumpSet(COL, ROW / 2 + 2);
                            exit(EXIT_SUCCESS);
                        //暂停
                        case 's':
                        case 'S':
                            system("pause>nul");
                            break;
                        //重新开始
                        case 'r':
                        case 'R':
                            system("cls");
                            #ifdef __unix__                     //UNIX/Linux 环境
                            main(1, NULL);
                            #elif defined(_WIN32) || defined(WIN32)  //Windows 环境
                            main();
                            #endif
                    }
                }
            }
        //获取下一个方块的信息
        shape = nextShape, form = nextForm;

        //将右上角的方块信息用空格覆盖
        GT_DrawSpace(nextShape, nextForm, COL + 3, 3);
    }
}


/*************************************************
 * 描述: 从纪录文件中读取得分
 * 参数: NULL
 * 返回值: void
 ************************************************/
void_t GT_ReadScore()
{
    //以只读方式打开文件
    FILE* pf = fopen(GT_HIGHEST_RECORD_FILE_NAME, "r");
    if (pf == NULL)
    {
        pf = fopen(GT_HIGHEST_RECORD_FILE_NAME, "w");
        fwrite(&gt_score, sizeof(int), 1, pf);
    }
    fseek(pf, 0, SEEK_SET);

    //读取文件中的最高历史得分到 max 中
    fread(&gt_max, sizeof(int), 1, pf);
```

```
        fclose(pf);
        pf = NULL;
    }


    /**************************************************
     * 描述: 写最高分到纪录文件中
     * 参数: NULL
     * 返回值: void
    **************************************************/
    void_t GT_WriteScore()
    {
        //以只写方式打开文件
        FILE* pf = fopen(GT_HIGHEST_RECORD_FILE_NAME, "w");
        if (pf == NULL)
        {
            fprintf(stdout, "Save the highest record failfully\n");
            exit(EXIT_SUCCESS);
        }

        //将本局游戏得分写入文件中（更新最高历史得分）
        fwrite(&gt_score, sizeof(int), 1, pf);

        fclose(pf);
        pf = NULL;
    }


    /**************************************************
     * 描述: 得分合法性判断
     * 参数:
     *        shape——形状
     *        form——形态
     *        x——x轴
     *        y——y轴
     * 返回值: void
    **************************************************/
    int64_t  GT_LegalJudgment(int64_t shape, int64_t form, int64_t x, int64_t y)
    {
        for (int64_t i = 0; i < BLOCK_COL_LEN; i++)
        {
            for (int64_t j = 0; j < BLOCK_COL_LEN; j++)
            {
                //如果方块落下的位置本来就已经有方块了，则不合法
                if ((block_var[shape][form].space_info[i][j] == 1) &&
    (data_info_var.block_flag[y + i][x + j] == 1))
                    return ILLEGAL_FLAG;
            }
        }
        return LEGAL_FLAG;
    }


    /**************************************************
```

```
 * 描述: 判断得分与游戏结束
 * 参数: NULL
 * 返回值: 返回 1 表示结束, 返回 0 表示不结束
 **************************************************/
int64_t GT_JudgeScoreOrOver()
{
    //判断是否得分
    for (int64_t i = ROW - 2; i > BLOCK_COL_LEN; i--)
    {
        //记录第 i 行的方块个数
        int64_t sum = 0;
        for (int64_t j = 1; j < COL - 1; j++)
        {
            //统计第 i 行的方块个数
            sum += data_info_var.block_flag[i][j];
        }
        //该行没有方块, 无须再判断其上的层次 (无须继续判断是否得分)
        if (sum == 0)
            break;
        //该行全是方块, 可得分
        if (sum == COL - 2)
        {
            //满一行加 PER_ROW_SCORE 分
            gt_score += PER_ROW_SCORE;

            //颜色设置为白色
            GT_BlockSetColor(WHITE_SHAPE);

            //光标跳转到显示当前分数的位置
            GT_CursorJumpSet(2 * COL + 4, ROW - 3);

            //更新当前分数
            fprintf(stdout, "Current Score:%d", gt_score);
            for (int64_t j = 1; j < COL - 1; j++)
            {
                data_info_var.block_flag[i][j] = 0;
                GT_CursorJumpSet(2 * j, i);
                fprintf(stdout, "  ");
            }

            //把被清除行上面的行整体向下移动一格
            for (int64_t m = i; m >1; m--)
            {
                sum = 0;
                for (int64_t n = 1; n < COL - 1; n++)
                {
                    sum += data_info_var.block_flag[m - 1][n];
                    data_info_var.block_flag[m][n] = data_info_var.block_
flag[m - 1][n];

                    data_info_var.color_encode[m][n] = data_info_var.color_
encode[m - 1][n];
```

```
                              //上一行移下来的是方块，输出方块
                              if (data_info_var.block_flag[m][n] == 1)
                              {
                                  GT_CursorJumpSet(2 * n, m);
                                  GT_BlockSetColor(data_info_var.color_encode[m][n]);
                                  fprintf(stdout, "■");
                              }
                              //上一行移下来的是空格，输出空格
                              else
                              {
                                  GT_CursorJumpSet(2 * n, m);
                                  fprintf(stdout, " ");
                              }
                          }
                      if (sum == 0)
                          return JUDGESCOREOVER;
                  }
              }
          }
          //判断游戏是否结束
          for (int64_t j = 1; j < COL - 1; j++)
          {
              if (data_info_var.block_flag[1][j] == 1)
              {
                  #ifdef __unix__                         //UNIX/Linux 环境
                      sleep(TIME_LEN_SECOND);             //留给用户反应的时间
                  #elif defined(_WIN32) || defined(WIN32) //Windows 环境
                      Sleep(TIME_LEN_SECOND);             //留给用户反应的时间
                  #endif

                  system("cls");
                  GT_BlockSetColor(WHITE_SHAPE);
                  GT_CursorJumpSet(2 * (COL / 3), ROW / 2 - 3);
                  if (gt_score>gt_max)
                  {
                      fprintf(stdout,"The highest record has been updated to :%d",
gt_score);
                      GT_WriteScore();
                  }
                  else if (gt_score == gt_max)
                  {
                      fprintf(stdout, "Stay on par with the highest record and strive
for new achievements :%d", gt_score);
                  }
                  else
                  {
                      fprintf(stdout, "Please continue to refuel, the current record
is different from the highest:%d", gt_max - gt_score);
                  }
```

```
                    GT_CursorJumpSet(2 * (COL / 3), ROW / 2);
                    fprintf(stdout, "GAME OVER");

                    loop
                    {
                        int8_t ch;
                        GT_CursorJumpSet(2 * (COL / 3), ROW / 2 + 3);
                        fprintf(stdout, "Another round?(y/n):");
                        scanf("%c", &ch);
                        if (ch == 'y' || ch == 'Y')
                        {
                            #ifdef __unix__                         //UNIX/Linux 环境
                            main(1, NULL);
                            #elif defined(_WIN32) || defined(WIN32) //Windows 环境
                            main();
                            #endif
                        }
                        else if (ch == 'n' || ch == 'N')
                        {
                            GT_CursorJumpSet(2 * (COL / 3), ROW / 2 + 5);
                            exit(EXIT_SUCCESS);
                        }
                        else
                        {
                            GT_CursorJumpSet(2 * (COL / 3), ROW / 2 + 4);
                            fprintf(stdout, "Selection error, please select again");
                        }
                    }
                }
            }
        return JUDGESCORENOTOVER;
}
```

4. 游戏代码详解

（1）游戏框架构建

首先，定义界面的大小，这里通过定义游戏区的行数和列数来限定界面的大小。

```
#define ROW 29 //游戏区行数
#define COL 20 //游戏区列数
```

将方块堆积的区域称为游戏区，将按键提示以及方块提示的区域称为提示区。

需要使用一个结构体 struct gt_data_info 记录界面的每个位置是否有方块，若有方块，则需记录该位置方块的颜色。

```
typedef struct gt_data_info
{
    int block_flag[ROW][COL + COL_LEN];
    //用于标记指定位置是否有方块（1 表示有，0 表示无）
    int color_encode[ROW][COL + COL_LEN]; //用于记录指定位置的方块颜色的编码
}gt_data_info_t;
```

其次，需要使用一个结构体 struct gt_block_info 存储一个 4 行 4 列的二维数组，这个二维数组用于存储单个方块的基本信息（4 行 4 列的二维数组可以容纳游戏中的每一种方块）。

俄罗斯方块中有 7 种基本形状的方块，每种方块通过旋转又可以得到一共 4 种方块，共 28 种方块。因此，可以使用 struct gt_block_info 结构体定义一个 7 行 4 列的二维数组存储这 28 种方块的信息。

```
typedef struct gt_block_info
{
    int space_info[SPACE_ROW_LEN][SPACE_COL_LEN];
}gt_block_info_t;
gt_block_info_t block_var[BLOCK_ROW_LEN][BLOCK_COL_LEN];  //用于存储 7 种基本形状
```
方块各自的 4 种形态的信息，共 28 种

至此，框架已经基本构建好了，为了提高代码的可读性，可以根据需要用到的按键的键码值对其进行宏定义。

```
#define DOWN 80 //方向键: 下
#define LEFT 75 //方向键: 左
#define RIGHT 77 //方向键: 右
#define SPACE 32 //空格键
#define ESC 27 //Esc键
```

（2）隐藏光标信息

光标的作用在于提醒用户接下来的输入将会在该位置出现。但在进行游戏时并不需要使用光标，这时需要将光标隐藏。GT_StashCursorInfo()函数可实现光标隐藏，核心代码如下。

```
curInfo.dwSize = 1;
curInfo.bVisible = FALSE;
```

（3）游戏光标跳转设置

GT_CursorJumpSet(int64_t x, int64_t y)函数可实现游戏光标跳转设置，核心代码如下。

```
COORD pos;
pos.X = x;
pos.Y = y;
SetConsoleCursorPosition(handle, pos);//设置光标位置
```

（4）初始化游戏操作界面

初始化游戏操作界面用于完成基本信息的输出，包括由白色方块构成的边界和按键提示语句。初始化游戏操作界面如图 14-5 所示。

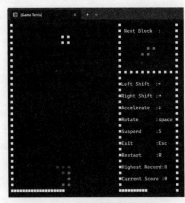

图 14-5　初始化游戏操作界面

对照最终效果图可以很好地理解代码，但是需要注意以下两点。

① 1 个小方块在命令提示符窗口中占 2 个单位的横坐标、1 个单位的纵坐标。

② 光标跳转函数 GT_CursorJumpSet()接收的是光标将跳转到的横纵坐标。

（5）初始化游戏方块信息

俄罗斯方块有 7 种基本形状，如图 14-6 所示。

先将这 7 种基本形状的方块信息存储在各自的第 0 种形态处，如图 14-7 所示。

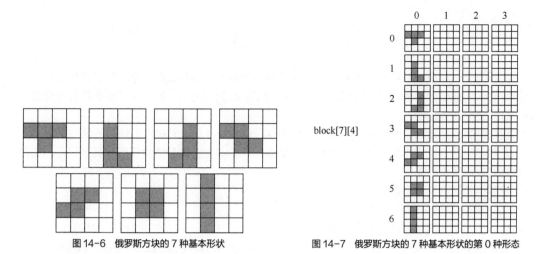

图 14-6　俄罗斯方块的 7 种基本形状　　　　图 14-7　俄罗斯方块的 7 种基本形状的第 0 种形态

取第 0 种形态顺时针旋转后得到第 1 种形态，取第 1 种形态顺时针旋转后得到第 2 种形态，取第 2 种形态顺时针旋转后得到第 3 种形态。这 7 种形状都按此方法操作，最终得到全部 28 种方块信息，如图 14-8 所示。

在旋转过程中，一个方块顺时针旋转一次后的位置变换如图 14-9 所示。

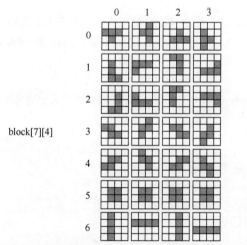

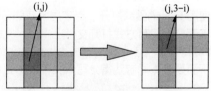

图 14-8　俄罗斯方块的 7 种基本形状的 28 种方块信息　　　图 14-9　一个方块顺时针旋转一次后的位置变换

（6）画游戏方块

有了方块的信息，接下来就是将方块在屏幕上显示出来。GT_DrawBlock(int64_t shape, int64_t form, int64_t x, int64_t y)函数可实现画游戏方块。该函数的作用是将第 shape 种形状的第 form 种形态的方块输出在屏幕的指定处，x 和 y 指的是方块信息中第一行第一列的方块的输出位置。

（7）画游戏空格

无论是游戏区方块的移动还是提示区右上角下一个方块的显示，都需要方块位置的变换，而在变化之前，需要将之前输出的方块用空格覆盖，再输出变化后的方块。GT_DrawSpace(int64_t shape, int64_t form, int64_t x, int64_t y)函数可实现画游戏空格。在覆盖方块时，特别需要注意的是，覆盖一个小方块需要用两个空格。

（8）得分合法性判断

在方块的移动过程中，系统会一直判断方块下一次变化后的位置是否合法，只有合法才会允许该变化进行。

所谓"非法"是指该方块进行了该变化后落在了本来就有方块的位置。

（9）判断得分与游戏结束

判断得分：从下往上判断，若某一行方块全满，则将该行方块数据清空，并将该行上方的方块全部下移，下移结束后返回 1，表示还需再次调用该函数进行判断，因为被下移的行并没有进行判断，可能还存在满行。

判断结束：直接判断游戏区最上面的一行中是否有方块存在，若存在方块，则游戏结束。

游戏结束后，除了给出游戏结束提示语，如果用户的本局游戏分数大于历史最高纪录，则需要写最高分到纪录文件中。

游戏结束后询问用户是否再来一局。

（10）游戏主体逻辑函数

在输出当前下落的方块前，随机获取下一次将下落的方块，并输出到提示区的右上角。

将当前下落的方块首先输出到游戏区顶部，给定合理的时间间隔，若在该时间内键盘未被敲击，则方块下落一格，方块下落前需判断下落后的合法性。

若在给定时间间隔内键盘被敲击，则根据所敲击的按键给出相应反馈。

若方块落到底部，则调用判断得分与游戏结束功能进行判断。

若游戏未结束，则循环以上步骤。

（11）从纪录文件中读取得分

使用 fopen()函数打开文件，若是第一次运行该代码，则会自动创建该文件，并将历史最高纪录设置为 0，之后读取文件中的最高历史得分存储在 max 变量中，关闭该文件即可。GT_ReadScore()函数可实现从纪录文件中读取得分功能。

下面是以只读方式打开文件。

```
FILE* pf = fopen(GT_HIGHEST_RECORD_FILE NAME, "r");
```

下面是读取文件中的最高历史得分到 max 中。

```
fread(&gt_max, sizeof(int), 1, pf);
```

（12）写最高分到纪录文件中

使用 fopen()函数打开，将本局游戏的分数 grade 写入文件中（覆盖式）。

下面是以只写方式打开文件。

```
FILE* pf = fopen(GT_HIGHEST_RECORD_FILE_NAME, "w");
```

下面是将本局游戏得分写入文件中（更新最高历史得分）。

```
fwrite(&gt_score, sizeof(int), 1, pf);
```

（13）俄罗斯方块主函数

主函数中是依次调用以上函数，需要注意以下两点。

① 全局变量 gt_grade 需要在主函数内初始化为 0，不能在全局范围内初始化为 0，因为当用户按 R 键进行重玩时，需要将当前分数 grade 重新设置为 0。

② 随机数的生成起点建议设置在主函数中。

```
gt_max = 0, gt_score = 0;                //变量初始化

system("title    [Game Tetris]  ");      //设置窗口的名称
system("mode con lines=32 cols=65");     //设置窗口的大小，即窗口的行数和列数

GT_StashCursorInfo();                    //隐藏光标
GT_ReadScore();                          //从文件中读取最高分到 max 变量中
GT_InitOperationInterface();             //初始化操作界面
GT_InitBlockInfo();                      //初始化方块信息
```

```
srand((unsigned int)time(NULL));          //设置随机数生成的起点
GT_StartGameTetris();                      //启动游戏
```

课后习题

一、选择题

1. 软件开发的流程包括（　　）。
   - A. 需求分析、概要设计、详细设计
   - B. 需求分析、概要设计、详细设计、编程、软件交付、验收、维护
   - C. 需求分析、概要设计、详细设计、编程、测试、软件交付、验收、维护
   - D. 需求分析、概要设计、详细设计、编程、测试、软件交付、验收

2. 下面关于软件开发需求分析的说法正确的是（　　）。
   - A. 系统分析员向用户初步了解需求，然后用相关工具软件列出要开发的系统的大功能模块，以及每个大功能模块有哪些小功能模块
   - B. 系统分析员深入了解和分析需求，根据自己的经验和需求用相关工具做出一份文档系统的功能需求文档。该文档应清楚列出系统大致的大功能模块，以及大功能模块有哪些小功能模块，并且列出相关界面和界面功能
   - C. 系统分析员向用户再次确认需求
   - D. 以上都是

3. 下面关于面向过程编程的说法正确的是（　　）。
   - A. 面向过程是一种以过程为中心的编程思想，以什么正在发生为主要目标进行编程
   - B. 面向过程与面向对象的明显不同就是封装、继承、类
   - C. 面向过程就是分析出解决问题所需要的步骤，然后用函数一步一步实现，使用的时候依次调用即可
   - D. 以上都是

4. 关于结构化程序设计的描述正确的是（　　）。
   - A. 结构化程序设计采用自顶向下、逐步求精的设计方法，各个模块通过"顺序、选择、循环"控制结构进行连接
   - B. 结构化程序设计的原则可表示为程序=（算法）+（数据结构）
   - C. 结构化程序设计只有一个入口、一个出口
   - D. 以上都不对

二、编写程序

完整运行本单元的代码，查看运行结果。

附录

附录 I　常用字符与 ASCII 值对照表

ASCII 值	字符	ASCII 值	字符	ASCII 值	字符	ASCII 值	字符
0	NUL（空）	32	SP（空格）	64	@	96	`
1	SOH（文件头开始）	33	!	65	A	97	a
2	STX（文本开始）	34	"	66	B	98	b
3	ETX（文本结束）	35	#	67	C	99	c
4	EOT（传输结束）	36	$	68	D	100	d
5	ENQ（询问）	37	%	69	E	101	e
6	ACK（确认）	38	&	70	F	102	f
7	BEL（响铃）	39	'	71	G	103	g
8	BS（退格）	40	(	72	H	104	h
9	HT（水平跳格）	41	)	73	I	105	i
10	LF（换行）	42	*	74	J	106	j
11	VT（垂直跳格）	43	+	75	K	107	k
12	FF（换页）	44	,	76	L	108	l
13	CR（回车）	45	-	77	M	109	m
14	SO（向外移出）	46	.	78	N	110	n
15	SI（向内移入）	47	/	79	O	111	o
16	DLE（数据传送换码）	48	0	80	P	112	p
17	DC1（设备控制1）	49	1	81	Q	113	q
18	DC2（设备控制2）	50	2	82	R	114	r
19	DC3（设备控制3）	51	3	83	S	115	s
20	DC4（设备控制4）	52	4	84	T	116	t
21	NAK（否定）	53	5	85	U	117	u
22	SYN（同步空闲）	54	6	86	V	118	v
23	ETB（传输块结束）	55	7	87	W	119	w
24	CAN（取消）	56	8	88	X	120	x
25	EM（媒体结束）	57	9	89	Y	121	y
26	SUB（减）	58	:	90	Z	122	z
27	ESC（退出）	59	;	91	[	123	{
28	FS（域分隔符）	60	<	92	\	124		
29	GS（组分隔符）	61	=	93	]	125	}
30	RS（记录分隔符）	62	>	94	^	126	~
31	US（单元分隔符）	63	?	95	_	127	DEL（删除）

附录Ⅱ　C 语言关键字

1．流程控制
函数：return。

条件：if，else，switch，case，default。

循环：while，do，for。

转向控制：break，continue，goto。

2．类型和声明
整型：long，int，short，signed，unsigned。

字符型：char。

实型：double，float。

未知或通用类型：void。

类型限定词：const，volatile。

存储类型：auto，static，extern，register。

类型运算符：sizeof。

创建新类型名：typedef。

定义新类型描述：struct，enum，union。

3．C++保留字
下面是 C++中的保留字而非 C 语言中的保留字。在使用 VC++ 2010 环境编程时，应避免使用这些保留字或按照其在 C++中的含义小心使用。

类：class，friend，this，private，protected，public，template。

函数和运算符：inline，virtual，operator。

布尔类型：bool，true，false。

异常：try，throw，catch。

内存分配：new，delete。

其他：typeid，namespace，mutable，asm，using。

附录Ⅲ　运算符的优先级和结合方向

优先级	运算符	名称	运算对象个数	结合方向
1	() []	圆括号、下标	单目（1 个）	自左向右
	-> .	指向结构体成员、结构体成员	双目（2 个）	
2	!	逻辑非	单目（1 个）	自右向左
	~	按位取反		
	++	自增		
	--	自减		
	-	负号		
	(类型)	强制类型转换		
	*	指针		
	&	地址		
	sizeof	长度		

续表

优先级	运算符	名称	运算对象个数	结合方向
3	* / %	乘法、除法、求余	双目（2个）	自左向右
4	+ -	加法、减法	双目（2个）	自左向右
5	<< >>	左移、右移	双目（2个）	自左向右
6	< <= > >=	小于、小于等于 大于、大于等于	双目（2个）	自左向右
7	== !=	等于、不等于	双目（2个）	自左向右
8	&	按位与	双目（2个）	自左向右
9	^	按位异或	双目（2个）	自左向右
10	|	按位或	双目（2个）	自左向右
11	&&	逻辑与	双目（2个）	自左向右
12	||	逻辑或	双目（2个）	自左向右
13	? :	条件	三目（3个）	自右向左
14	= += -= *= /= %= >>= <<= &= ^= |=	赋值	双目（2个）	自右向左
15	,	逗号（顺序求值）	双目（2个）	自左向右

注：以上运算符优先级由上到下递减。针对同一优先级的运算符，运算次序由结合方向决定。初等运算符优先级最高，逗号运算符优先级最低。加圆括号可以改变优先次序。

附录Ⅳ 常用 C 语言标准库函数

每一种 C 语言编译系统都提供了一批库函数，不同的编译系统所提供的库函数的数目、函数的名称以及函数的功能不完全相同。由于篇幅所限，本附录列出 ANSI C 标准建议提供的、常用的部分库函数，帮助编程者查阅。

1. 数学函数

使用数学函数时，应该在该源文件中使用下面的预编译命令。

```
#include <math.h>
```

函数名	函数原型	功能	说明
abs	int abs (int x);	计算整数 x 的绝对值	
acos	double acos (double x);	计算 $\cos^{-1}(x)$ 的值	x 在-1 到 1 范围内
asin	double asin (double x);	计算 $\sin^{-1}(x)$ 的值	x 在-1 到 1 范围内
atan	double atan (double x);	计算 $\tan^{-1}(x)$ 的值	
atan2	double atan (double x, double y);	计算 $\tan^{-1}(x/y)$ 的值	
cos	double cos (double x);	计算 $\cos(x)$ 的值	x 的单位为弧度
cosh	double cosh (double x);	计算 x 的双曲余弦 $\cosh(x)$ 的值	
exp	double exp (double x);	计算 e^x 的值	
fabs	double fabs (double x);	计算 x 的绝对值	

函数名	函数原型	功能	说明
floor	double floor (double x);	计算不大于 x 的最大整数	其值为双精度整数
fmod	double fmod (double x, double y);	计算整数 x/y 的余数	其值为双精度余数
frexp	double frexp (double val, int *eptr);	把双精度数 val 分解为数字部分（尾数）x 和以 2 为底的指数 n，即 $val=x*2^n$，n 存放在 eptr 指向的变量中	
log	double log (double x);	求 $\log_e x$，即 $\ln x$	
log10	double log10 (double x);	求 $\log_{10} x$	
pow	double pow (double x, double y);	计算 x^y 的值	
rand	int rand (void);	产生-90 到 32767 的随机整数	
sin	double sin (double x);	计算 $\sin(x)$的值	x 的单位为弧度
sinh	double sinh (double x);	计算 x 的双曲正弦函数 $\sinh(x)$的值	
sqrt	double sqrt (double x);	计算 $\sqrt{x}$ 的值	x 大于等于 0
tan	double tan (double x);	计算 $\tan(x)$的值	x 的单位为弧度
tanh	double tanh (double x);	计算 x 的双曲正切函数 $\tanh(x)$的值	

2. 字符函数和字符串函数

ANSI C 标准要求在使用字符串函数时要包含头文件"string.h"，在使用字符函数时要包含头文件"ctype.h"。有的 C 语言编译系统不遵循 ANSI C 标准的规定，而使用其他名称的头文件。读者使用时请查阅有关手册。

函数名	函数原型	功能	返回值
isalnum	int isalnum (int ch);	检查 ch 是否为字母或数字	是返回 1，否则返回 0
isalpha	int isalpha (int ch);	检查 ch 是否为字母	是返回 1，否则返回 0
iscntrl	int iscntrl (int ch);	检查 ch 是否为控制字符	是返回 1，否则返回 0
isdigit	int isdigit (int ch);	检查 ch 是否为数字	是返回 1，否则返回 0
isgraph	int isgraph (int ch);	检查 ch 是否为可输出字符（不包括空格），其 ASCII 值在 0x21 到 0x7E 之间	是返回 1，否则返回 0
islower	int islower (int ch);	检查 ch 是否为小写字母	是返回 1，否则返回 0
isprint	int isprint (int ch);	检查 ch 是否为可输出字符（包括空格），其 ASCII 值在 0x20 到 0x7E 之间	是返回 1，否则返回 0
ispunct	int ispunct (int ch);	检查 ch 是否为标点符号（不包括空格），即除字母、数字和空格以外的所有可输出字符	是返回 1，否则返回 0
isspace	int isspace (int ch);	检查 ch 是否为空格、跳格符（制表符）或换行符	是返回 1，否则返回 0

续表

函数名	函数原型	功能	返回值
isupper	int isupper (int ch);	检查 ch 是否为大写字母	是返回 1，否则返回 0
isxdigit	int isxdigit (int ch);	检查 ch 是否为十六进制数	是返回 1，否则返回 0
strcat	char *strcat (char *str1, char *str2);	把字符串 str2 接到 str1 后面，str1 最后的"\0"被取消	str1
strchr	char *strchr (char *str, int ch);	找出 str 指向的字符串中第一次出现字符 ch 的位置	指向该位置的指针，如找不到，则返回空指针
strcmp	char strcmp (char *str1, char *str2);	比较两个字符串 str1 和 str2	str1>str2 时，返回正数 str1=str2 时，返回 0 str1<str2 时，返回负数
strcpy	char *strcpy (char *str1, char *str2);	把 str2 指向的字符串复制到 str1 中	str1
strlen	unsigned int strlen (char *str);	统计字符串 str 中字符的个数（不包括结束符"\0"）	字符个数
strstr	char *strstr (char *str1, char *str2);	找出 str2 字符串在 str1 字符串中第一次出现的位置	指向该位置的指针，如找不到，则返回空指针
tolower	int tolower (int ch);	将 ch 字母转换为小写字母	对应的小写字母
toupper	int toupper (int ch);	将 ch 字母转换为大写字母	对应的大写字母

3. 输入/输出函数

使用以下函数时，应该包含"stdio.h"头文件。

函数名	函数原型	功能	返回值
clearerr	void clearerr (FILE *fp);	清除文件指针错误信息	无返回值
close	int close (int fp);	关闭文件	成功返回 0，否则返回 -1
creat	int creat (char *filename, int mode);	以 mode 所指定的方式建立文件	成功返回正数，否则返回 -1
eof	int eof (int fd);	检查文件是否结束	遇文件结束，返回 1，否则返回 0
fclose	int fclose (FILE *fp);	关闭 fp 所指定的文件，释放文件缓冲区	有错则返回非 0，否则返回 0
feof	int feof (FILE *fp);	检查文件是否结束	遇文件结束，返回非 0，否则返回 0
fgetc	int fgetc (FILE *fp);	从 fp 所指定的文件中取得下一个字符	返回所得到的字符，若读入出错，则返回 EOF
fgets	char *fgets (char *buf; int n, FILE *fp);	从 fp 所指向的文件中读取一个长度为（n-1）的字符串，存入起始地址为 buf 的空间	返回地址 buf，若遇文件结束或出错，则返回 NULL

续表

函数名	函数原型	功能	返回值
fopen	FILE *fopen (char *filename, char *mode);	以 mode 指定的方式打开名为 filename 的文件	成功返回一个文件指针（文件信息区的起始地址），否则返回 0
fprintf	int fprintf (FILE *fp, char *format, args, ...);	把 args 的值以 format 指定的格式输出到 fp 所指定的文件中	实际输出的字符数
fputc	int fputc (char ch, FILE *fp);	将字符 ch 输出到 fp 指定的文件中	成功返回该字符，否则返回非 0
fputs	int fputs (char *str, FILE *fp);	将 str 指向的字符串输出到 fp 指定的文件中	返回 0,若出错则返回非 0
fread	int fread (char *pt, unsigned size, unsigned n, FILE *fp);	从 fp 所指定的文件中读取长度为 size 的 n 个数据项，存到 pt 所指向的内存区	返回所读数据项个数，若遇文件结束或出错，则返回 0
fscanf	int fscanf (FILE *fp, char format, args, ...);	从 fp 指定的文件中按 format 给定的格式将输入数据送到 args 所指向的内存单元（args 是指针）	已输入的数据个数
fseek	int fseek (FILE *fp, long offset, int base);	将 fp 所指向的文件的位置指针移到以 base 所指出的位置为基准、offset 为位移量的位置	返回文件当前位置，否则返回-1
ftell	long ftell (FILE *fp);	返回 fp 所指向的文件中的读写位置	返回 fp 所指向的文件中的读写位置
fwrite	int fwrite (char *ptr, unsigned size, unsigned n, FILE *fp);	把 ptr 所指向的 n*size 个字节输出到 fp 所指向的文件中	写到 fp 文件中的数据项的个数
getc	int getc (FILE *fp);	从 fp 所指向的文件中读入一个字符	返回所读的字符，若文件结束或出错，则返回 EOF
getch	int getch (void);	从控制台读取字符，不回显	返回所读字符，库函数为 conio.h
getchar	int getchar (void);	从标准输入设备读取下一个字符	返回所读字符，若文件结束或出错，则返回-1
getche	int getche (void);	从控制台读取字符，并回显	返回所读字符
getw	int getw (FILE *fp);	从 fp 所指向的文件中读取下一个字（整数）	输入的整数，如文件结束或出错，则返回-1
open	int open (char *filename, int mode);	以 mode 指定的方式打开名为 filename 的文件	返回文件号（正数），如打开失败，则返回-1
printf	int printf (char *format, args, ...);	按 format 指定的格式控制字符串所规定的格式，将输出表列 args 的值输出到标准输出设备	输出字符的个数，若出错，则返回负数
putc	int putc (int ch, FILE *fp);	把一个字符 ch 输出到 fp 所指向的文件中	输出的字符 ch,如出错，则返回 EOF

函数名	函数原型	功能	返回值
putchar	int putchar (char ch);	把字符 ch 输出到标准输出设备	输出的字符 ch，如出错，则返回 EOF
puts	int puts (char *str);	把 str 指向的字符串输出到标准输出设备，将"\0"转换为换行符	返回换行符，若失败，则返回 EOF
putw	int putw (int w, FILE *fp);	将一个整数 w（即一个字）写到 fp 指向的文件中	返回输出的整数，若出错，则返回 EOF
read	int read (int fd, char *buf, unsigned count);	从文件号 fd 所指示的文件中读 count 个字节到由 buf 指示的缓冲区中	返回真正读入的字节个数，遇文件结束返回 0，出错返回-1
rename	int rename (char *oldname, char *newname);	把由 oldname 所指向的文件名，改为由 newname 所指向的文件名	成功返回 0，出错返回 -1
rewind	void rewind (FILE *fp);	将 fp 指示的文件中的位置指针置于文件开头，并清除文件结束标志和错误标志	无返回值
scanf	int scanf (char *format, args, ...);	从标准输入设备按 format 指向的格式控制字符串所规定的格式，输入数据给 args 所指向的单元	读入并赋予 args 的数据个数，遇文件结束返回 EOF，出错返回 0
write	int write (int fd, char *buf, unsigned count);	从 buf 指示的缓冲区输出 count 个字符到 fd 所标志的文件中	返回实际输出的字节数，如出错则返回-1

4. 动态存储分配函数

ANSI C 标准建议设有 4 个有关的动态存储分配的函数，即 calloc( )、free( )、malloc( )、realloc( )。实际上，实现许多 C 语言编译系统时，往往增加了一些其他函数。ANSI C 标准建议在"stdlib.h"头文件中包含有关信息，但许多 C 语言编译要求使用"malloc.h"头文件。读者在使用时应查阅有关手册。

函数名	函数原型	功能	返回值
calloc	void *calloc (unsigned n, unsigned size);	分配 n 个数据项的连续内存空间，每个数据项的大小为 size	分配内存单元的起始地址，如不成功，则返回 0
free	void free (void *p);	释放 p 所指向的内存区	无返回值
malloc	void *malloc(unsigned size);	分配 size 字节的存储区	所分配的内存区地址，如内存不够，则返回 0
realloc	void *realloc (void *p, unsigned size);	将 p 所指向的已分配内存的大小改为 size，size 可以比原来分配的空间大或小	返回指向该内存区的指针

5. 时间函数

当需要使用系统的时间和日期函数时，需要头文件"time.h"。其中定义了 3 种类型：类型 clock_t 和 time_t 用来表示系统的时间和日期，结构体类型 tm 用于把日期和时间分解为其成员。tm 结构体的定义如下。

```
struct tm
{
    int tm_sec;        //秒,0～59
    int tm_min;        //分,0～59
    int tm_hour;       //小时,0～23
    int tm_mday;       //每月天数,1～31
    int tm_mon;        //从1月开始的月数,0～11
    int tm_year;       //自1900年起的年数
    int tm_wday;       //自星期日起的天数,0～6
    int tm_yday;       //自1月1日起的天数,0～365
    int tm_isds;       //夏季时间标志
}
```

函数名	函数原型	功能	返回值
asctime	char *asctime (struct tm *p);	将日期和时间转换为 ASCII 字符串	返回一个指向字符串的指针
clock	clock_t clock ( );	确定程序运行到现在所花费的大概时间	返回从程序开始到该函数被调用时所花费的时间,若失败,则返回-1
difftime	double difftime (time_t time2, time_t time1);	计算 time1 与 time2 之间所差的秒数	返回两个时间的双精度差值
ctime	char *ctime (long *time);	把日期和时间转换为字符串	返回指向该字符串的指针
gmtime	struct tm *gmtime (time_t *time);	得到一个以 tm 结构体表示的分解时间,该时间按格林尼治标准计算	返回指向结构体tm的指针
time	time_t time (time_t time);	返回系统当前的日历时间	返回系统当前的日历时间,如系统无时间,则返回-1

附录 V　本书用到的函数或符号的英文组合说明

序号	函数或符号	英文组合	含义
1	#define	define	宏定义、符号定义
2	#include	include	文件包含
3	#ifdef	if defined	若符号已定义,则编译
4	#ifndef	if not defined	若符号未定义,则编译,与#ifdef 功能相反
5	#elif	else if (defined)	条件编译命令中表示否则如果
6	#endif	end if	结束条件编译命令
7	char	character	字符类型
8	enum	enumeration	枚举类型
9	clearerr()	clear error	使 feof()和 ferror()值置 0
10	fclose()	file close	关闭打开的文件,释放资源
11	feof()	file eof(end of file)	判断文件是否已经读完
12	ferror()	file error	检测文件读写操作是否正确

序号	函数或符号	英文组合	含义
13	fgetc()	file get char	从指定文件中读取一个字符
14	fgets()	file get string	从指定文件中读取一个字符串
15	fopen()	file open	打开指定文件
16	fputc()	file put char	向指定文件写入一个字符
17	fputs()	file put string	向指定文件写入一个字符串
18	fprintf()	file printf	向文本文件中写入数据
19	fread()	file read	从二进制文件中读入数据
20	fseek()	file seek	查找文件的指定位置
21	ftell()	file tell	返回文件指针的当前位置值
22	fscanf()	file scanf	从文本文件中读入数据
23	fwrite()	file write	向二进制文件中写入数据
24	getchar()	get character	输入字符
25	int	integer	整数类型
26	printf()	print function	输出函数
27	putchar()	put character	输出字符
28	rewind()	rewind	文件指针返回文件头
29	remove()	remove	删除指定文件
30	scanf()	scan function	输入函数
31	sizeof	size of	获取变量或类型占用的存储字节数
32	stdio.h	standard input-output head-file	标准输入输出库的头文件
33	stdlib.h	standard library head-file	标准函数库的头文件
34	typedef	type define	创建新的类型